物理这么容易

物态变化、运动和力

李 楠◎编著

吉林科学技术出版社

图书在版编目（CIP）数据

物理这么容易 / 李楠编著 . -- 长春 : 吉林科学技术出版社 , 2023.10

（写给小学生的科学知识系列 / 吴鹏主编）

ISBN 978-7-5578-9836-6

Ⅰ . ①物… Ⅱ . ①李… Ⅲ . ①物理学—少儿读物 Ⅳ . ① O4-49

中国版本图书馆 CIP 数据核字 (2022) 第 182085 号

写给小学生的科学知识系列

物理这么容易

WULI ZHEME RONGYI

编　著	李　楠
策划人	张晶昱
出版人	宛　霞
责任编辑	李万良
助理编辑	宿迪超　周　禹　郭劲松　徐海韬
封面设计	长春美印图文设计有限公司
美术设计	黄雪军
制　版	上品励合 (北京) 文化传播有限公司
幅面尺寸	170 mm × 240 mm
开　本	16
字　数	150 千字
印　张	12
页　数	192
印　数	1-6000 册
版　次	2023 年 10 月第 1 版
印　次	2023 年 10 月第 1 次印刷

出　版	吉林科学技术出版社
发　行	吉林科学技术出版社
社　址	长春市福祉大路 5788 号出版大厦 A 座
邮　编	130118
发行部电话 / 传真	0431-81629529　81629530　81629531
	81629532　81629533　81629534
储运部电话	0431-86059116
编辑部电话	0431-81629378
印　刷	长春百花彩印有限公司

书　号	ISBN 978-7-5578-9836-6
定　价	90.00 元

目 录

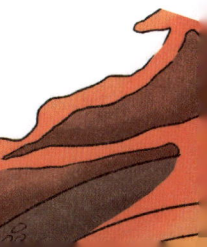

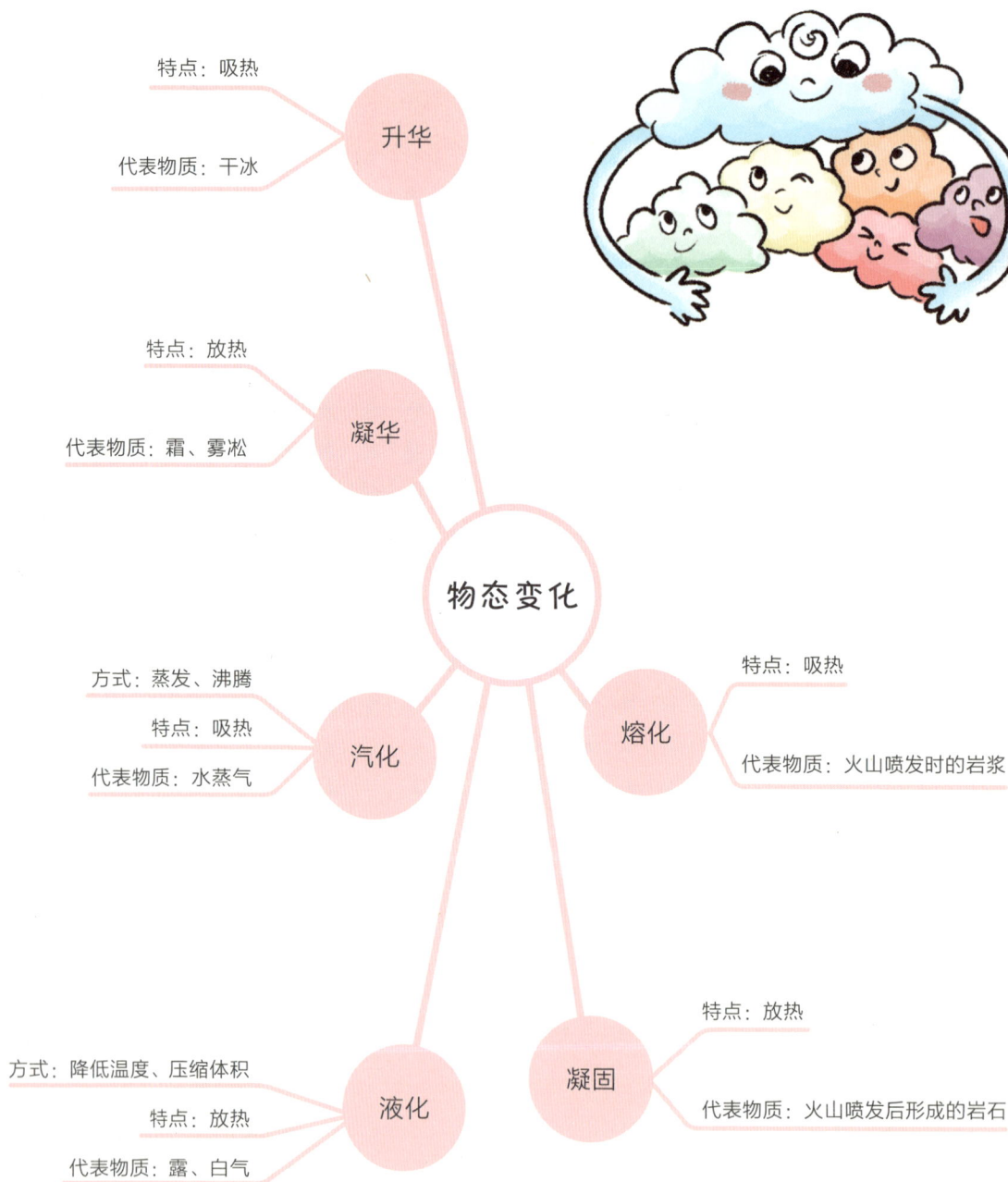

特点：吸热

升华

代表物质：干冰

特点：放热

凝华

代表物质：霜、雾凇

物态变化

方式：蒸发、沸腾

特点：吸热

汽化

代表物质：水蒸气

特点：吸热

熔化

代表物质：火山喷发时的岩浆

特点：放热

凝固

代表物质：火山喷发后形成的岩石

方式：降低温度、压缩体积

特点：放热

液化

代表物质：露、白气

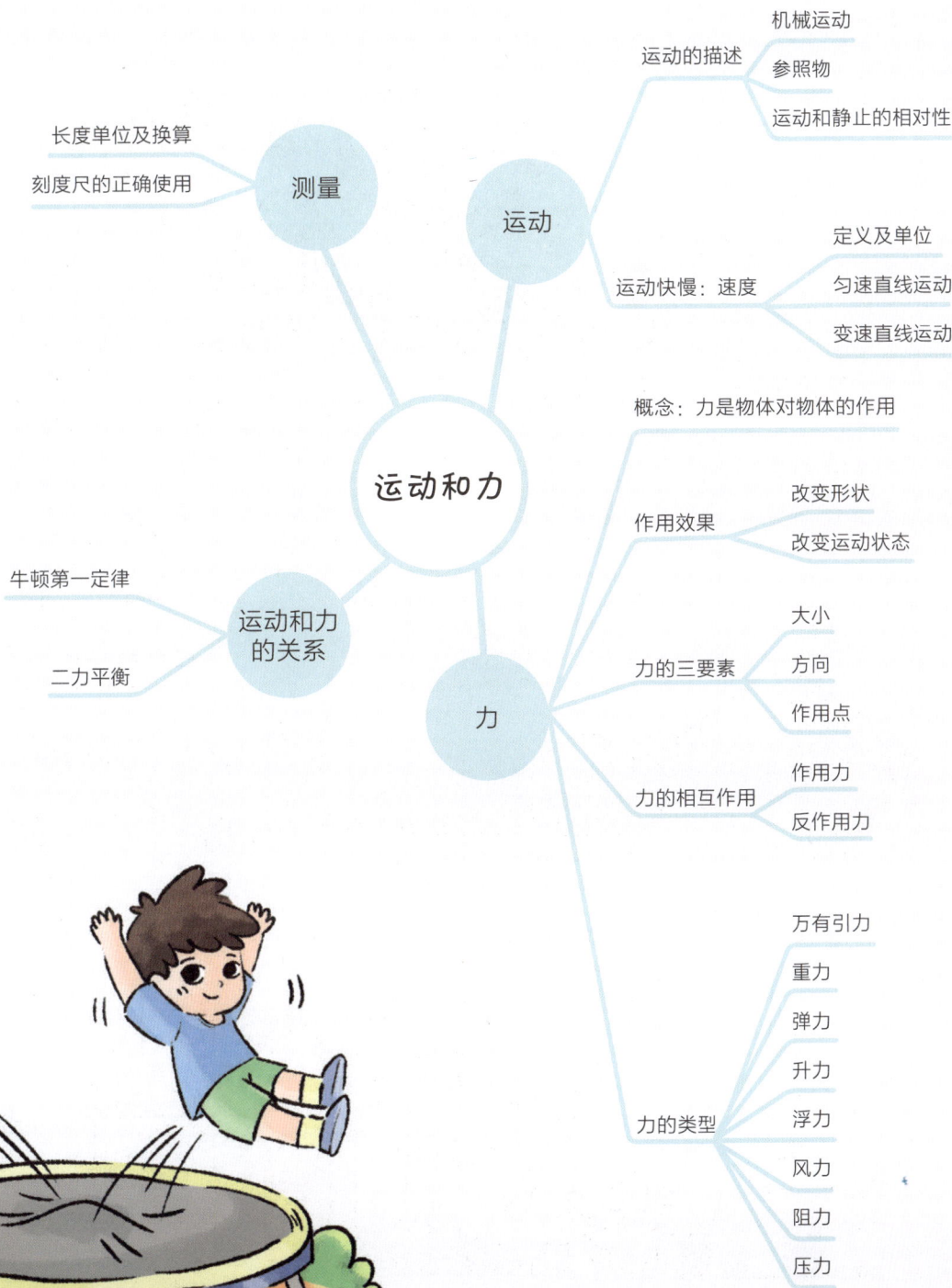

- 运动和力
  - 测量
    - 长度单位及换算
    - 刻度尺的正确使用
  - 运动
    - 运动的描述
      - 机械运动
      - 参照物
      - 运动和静止的相对性
    - 运动快慢：速度
      - 定义及单位
      - 匀速直线运动
      - 变速直线运动
  - 力
    - 概念：力是物体对物体的作用
    - 作用效果
      - 改变形状
      - 改变运动状态
    - 力的三要素
      - 大小
      - 方向
      - 作用点
    - 力的相互作用
      - 作用力
      - 反作用力
    - 力的类型
      - 万有引力
      - 重力
      - 弹力
      - 升力
      - 浮力
      - 风力
      - 阻力
      - 压力
  - 运动和力的关系
    - 牛顿第一定律
    - 二力平衡

它们是用什么做的

我们生活的世界都是由物质组成的，这些物质种类繁多、变化多样。它们包括一切实实在在的事物。

你头顶的云、月亮、星星……都是由物质构成的。

你身边的房子、桌子、凳子、树木、绿草、宠物……也都是由物质构成的。

你脚下的山川、河流、土地、化石……同样都是由物质构成的。

你身上穿的鞋袜、衣裤、围巾、帽子……统统都是由物质构成的，就连你自己也是由物质构成的。

这些都是我们能看见的实物，而那些看不见、摸不着的事物呢？如空气、光、电磁场……它们也都是由物质构成的哦！

所有具有质量和体积的东西都是物质。什么是有质量和体积的东西呢？后面马上会解答，别着急哦！

把地球装进口袋里

世界那么大，你想出去看看吗？如果能把地球装进口袋里，那么想去哪里，直接拿出口袋里的地球就能到达，连机票都不用买了，多方便啊！

走，去旅游吧！

地球上的万物都是由物质构成的。所有物质都可以拆分成原子，原子里有一个原子核，是原子的核心部分。如果把原子看作一个剥了壳的熟鸡蛋，剥开蛋白，里面还有一个蛋黄，那个蛋黄就是原子核。

原子是很小的粒子，据说在一个小小的针尖上，会有数百万个原子。原子结合在一起就是分子，类似搭积木，可以搭建成不同的分子。

原子，还可以继续拆分成更小的物质——质子、中子和电子。质子和中子是好朋友，它们紧紧地抱在一起，组成了原子核。电子类似保镖，围绕在原子核周围，寸步不离。

质子和中子是原子核内的微小粒子。

电子

电子

电子是原子中围绕原子核运动的粒子。

质子、中子还可以继续拆解成更小的物质——夸克。它是迄今为止被发现的最小粒子。中子可以分成两个下夸克和一个上夸克，质子可以分成两个上夸克和一个下夸克。

上夸克 u —— 质子

下夸克 d —— 中子

地球上所有原子大多都是空的，如果把这些空位去除，你便可以把地球装进背包里。

虽然体积小了，但质量没变，所以还是背不动。

质子的数量决定了原子的类型和大小。氢原子是最小的原子，只有一个质子；氧原子是大一点儿的原子，它有八个质子。

原子和原子混合，可以得到一个分子。我们猜想一下：一个氧原子加上两个氢原子，会混合得到什么分子呢？氧原子记作 O，氢原子记作 H，它们组合在一起就是 H_2O，名为水分子。水就是许多水分子聚集在一起的样子，神奇吧！

妈妈和爸爸谁更重

爸爸、妈妈、哥哥和我，谁比较重呢？

"重"指质量的大小。物体是由物质组成的，物体所含物质的多少，就是这个物体的质量。

你买的东西有多重

物体的质量通常用字母"m"表示，它的基本单位是"千克"。

我猜有3千克吧！

7元/500克

5元/500克

妈妈，这些苹果的质量是多少千克？

我得帮妈妈买250克白糖。

我也是！

饼干、薯片、盐这样的小物体的质量一般都用克计量，用"g"表示；食用油、牛奶、卫生纸等物体通常以千克为单位，用"kg"表示；大象、鲨鱼、海豚的质量大多用吨计量，用"t"表示。

称重该用谁

想要知道哪个人或哪个物品有多重，就要用到称质量的器具——秤。每一个秤都有称重极限，只有被测量物体的质量在秤的称重极限内，才能测得准确。

我是杆秤，岁数有点大，有些小朋友可能没见过我。

我们都是电子秤，在超市、菜市场比较多见，称重精准、方便、快捷。

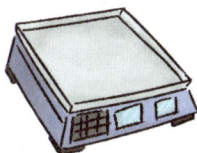

我是体重秤，妈妈减肥时会经常用到。我们家族还有一种更轻便的体重秤。

一起做实验：托盘天平怎么用

只有认识托盘天平，才能正确使用它来称重。你会用托盘天平测量小铁块的质量吗？

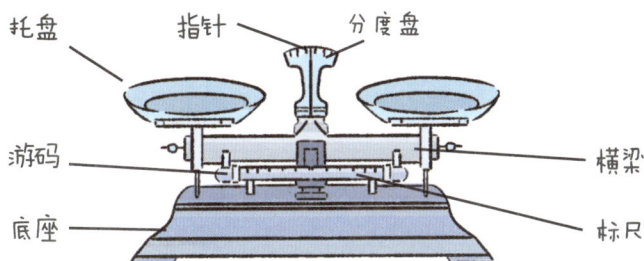

托盘　指针　分度盘　　砝码

游码

底座　　　　横梁　　标尺

1. 将托盘天平放置在水平的地方。

2. 调节天平，直至指针对准中央刻度线。

3. 左托盘放测量物，右托盘放砝码。

4. 加减砝码，移动游码，使指针对准中央刻度线。

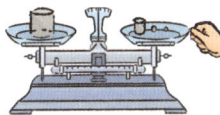

如果我们将砝码压成铁皮，它的形状变了，你觉得它的质量会变吗？铁块变成铁皮，形状变了，但是含铁量并未改变，质量也不会变。

国王的王冠

有一个王国，它的国王交给金匠一定质量的黄金，想让金匠为自己打造一个王冠。当金匠呈上王冠时，国王发现王冠比原来的黄金小很多，怀疑金匠偷了他的黄金，然而称重之后，王冠中金的质量并没有少。你知道这是怎么回事吗？

再看，右边是一个气球，左边是一个保龄球。它们占用的空间一样，体积也一样大，但保龄球的质量却明显比气球更大，这又是为什么呢？

王冠是不是纯金打造的，保龄球和气球质量不相等，这都和一个新概念——密度有关。

密度，是物体的质量与体积的比。其实就是物体一个体积单位的质量。

相同体积、不同物质的物体，质量也不一样。给你一个木块、一个铁块，它们的大小、体积看起来虽然完全一致，但质量却不一样，铁块的质量明显大于木块。

以小石块为例，想要测量小石块的密度，就要先测量它的质量后测量它的体积。

【步骤】

1. 用事先调整好的天平测量石块的质量，记录石块的质量，如 130 克。

2. 量筒内装入一定量的清水，记录清水的体积，如 50 毫升。

3. 将拴了细绳的石块放入量筒中，记录石块和水的总体积，如 60 毫升。

【计算】石块的体积：60-50=10（毫升）

公式：密度 = 质量 ÷ 体积

石块的密度：130÷10=13（克/毫升）

【备注】毫升是液体的计数单位。

【小知识】
为什么先测量质量

设想一下，如果先测量量筒内水中石块的体积，再把石块从水中捞出测量质量，石块上残留了水，那么会使石块的质量偏大，所计算出来的密度值也会大于实际密度值。

盐水的密度怎么测呢？

【步骤】

1. 同样的天平称出烧杯和盐水的总质量，这里用 m_1 表示。

2. 把烧杯中的盐水倒入量筒内一部分，记录下体积，这里用 v 表示。

3. 称出烧杯和杯中剩余盐水的质量，这里用 m_2 表示。

【计算】量筒中盐水的质量：m_1-m_2

盐水的密度：$(m_1-m_2)÷v$

妈妈最怕我发热

头晕，不想起床，没有劲儿，就想睡觉……妈妈怀疑小明可能发热了。用体温计测体温，38.5℃！妈妈担心不已，开始给小明吃退热药，贴退热贴，喝温开水。那么，体温达到多少摄氏度才算发热呢？

家中必备的体温计

体温计是专门用来测量身体温度的用具。有的夹在腋窝下，有的含在嘴里，有的只需对准额头、耳背或手腕"开一枪"……你家的体温计属于哪个类型呢？

水银体温计　　红外线体温计　　电子体温计

电子体温计、红外线体温计的显示屏上可见清晰的体温数值，但水银体温计使用起来却没那么简单。

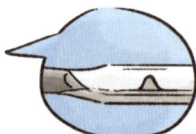

水银体温计，玻璃外观，内灌水银。体温升高，水银柱也逐渐上升。水银体温计测得的体温准确，但易碎且测量时间长。

水银体温计怎么用

1. 将体温计的水银柱甩到 35℃ 以下。

2. 将体温计的水银端放在腋窝深处，用上臂夹紧。

3. 测量时间为 5~10 分钟，而后取出体温计。

4. 将体温计平举于眼前，转动体温计，读出数值。

腋下如有汗液，擦干后再测量。若不小心松开温度计，可重新测量，时间需重新计算。

它们不能用体温计测量

温度表示物体的冷热程度，多以摄氏度为单位，用"℃"表示。

我是室内温度计，找到我的零刻度线了吗？

我是专门用来测量液体温度的液体温度计哦。

测量液体温度时，玻璃泡要全部浸入液体中，不要碰到容器壁或容器底。

读数时，不可将温度计从液体中拿出，视线要与温度计中液面齐平，眼睛要平视温度计的水银柱。

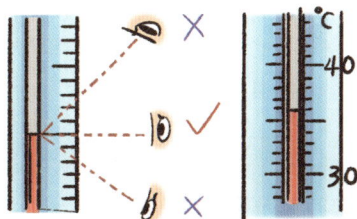

冰、水、汽是同一物质吗

你知道有一种物质非常神奇，既是固体，又是液体，还是气体吗？没错，它就是水。水结冰后是固体，冰融化后变成液体，水加热蒸发后又变成气体。

物质各不相同，有着不同的形态，分别是固态、液态、气态。

用手牢牢抓住的是什么

有一定的体积和形状，质地比较坚硬的物质，叫作固体。玻璃做的碗，木头做的椅子，塑料做的玩具……都可以用手抓住，都是固体！

固体中的分子会以一种重复的模式排列，好像士兵整齐地排着队行走一样。所以，固体分子的运动是缓慢的，有着固定的体积和形状。

水是什么形状的

有一定体积，没有固定形状，可以流动的物质，叫作液体。常温下，水、油、牛奶等都属于液体。

液体中的分子运动快，很随意，就像一群自由行走的人。

一般容器是什么形状，液体就会变成什么形状。把水倒进正方形的碗里，它就是正方形的；把水倒进星星形状的碗里，它就是星形的。

🔗 往气球里吹气吧

没有一定形状，没有一定体积，可以流动的物体，叫作气体。常温下，空气、氧气、沼气等都是气体。自由飞翔的气球里，弹跳自如的足球里充满的都是气体。

气体中的分子运动得最快，就像冬奥会上穿着冰刀鞋在冰面上快速滑行的运动员。气体本身没有形状，可以随意扩展或收缩来填充任何空间。

【小知识】 感受气体	气体看不到也抓不着，但我们可以通过脸和手感受到。放开一个气球，我们能感觉到有气体从里面出来。往手里吹气，手能感觉到热乎乎的气体。

了不起的蒸汽

蒸汽机车于18世纪后期，由英国的瓦特改良蒸汽机得来，它通过蒸汽推动活塞来运行。

火车的烟这么大，火车怎么跑得这么慢呢？

你可别小瞧它，它可是世界上最早的火车——蒸汽机车。

顺风站

呜呜呜……一列火车一边冒着白烟，一边向北京站行驶着。

① 在锅炉里添上煤炭，大火燃烧，将水烧热，变成水蒸气。

② 水蒸气顺着管道进入气缸，然后推动活塞反复地运动。

③ 活塞的另一头连接着车轮，活塞不停歇地运动，使车轮转动起来。

水如何变成汽

烧开的水壶，发出"咕嘟咕嘟"的声音，还不停地升起白气。这时产生大量水蒸气。水蒸气是水的气态形式，无色也无味，我们看不见它。

湖泊里的水并没有不停地生成大量白气，但在太阳的照射下，水蒸发了，于是湖水变少了。

咦？水蒸气不是看不见的吗？白烟是怎么回事呢？别急，接着看，在下一页会告诉你答案。

1.发生地点不同：蒸发只发生在液体表面；沸腾在液体内部和表面同时发生。

2.温度条件不同：蒸发在任何温度下都能发生；沸腾需要在一定温度下才会发生。

3.温度变化不同：蒸发时温度可能降低；沸腾时温度保持不变。

4.剧烈程度不同：蒸发比较缓和；沸腾十分剧烈。

汽化是指物质从液态变为气态的过程，蒸发和沸腾是物质汽化的两种形式。

我是沸腾。

我是蒸发。

水蒸气变回小水珠

在玻璃杯中倒入半杯热水，热水开始蒸发，产生水蒸气，这是发生了汽化。

高温水蒸气遇到温度较低的玻璃杯内壁，又会发生液化，变成小水珠，附在玻璃杯内壁上。

爸爸刚从冰箱里拿出一罐啤酒，罐子上有很多小水珠。原来它们是因为水蒸气遇冷发生了液化。

回到之前的问题，肉眼看不到水蒸气，水壶口的白气就是水蒸气遇冷产生了液态的小水珠。

我的笔记

汽化
气态
液态
液化

快跑，火山要爆发了

水和冰的大变身

冬天，一潭水被冷风吹了一夜，冻成了薄冰。

南极的温度低，海水都凝固成厚冰层。

夏天的温度高，冰块一会儿就化成了水。

在夏天，有时冰棍没来得及吃，很快就融化了。

地壳内部运动，岩石开始熔化，形成岩浆。来自地幔的岩浆沿着火山通道喷出地表，这便是危险的火山爆发。

火山爆发还存在另一种物质变化——凝固，即物质从液态变成固态的过程。

岩石，本身是固体物质，变成了液体物质岩浆，固态转化成液态的过程，在物理学中叫作熔化。

岩浆在流动过程中逐渐冷却，最终变成了火成岩，属于岩石的一种。

地核，地球的核心部分，据说这里的温度和太阳差不多高。

玻璃杯是吹出来的

玻璃杯的人工制作工艺相当复杂，它的成型大致可以概括为以下四个步骤。

1. 将石英砂、纯碱、石灰石、长石等原料经过粉碎等加工处理。

2. 将所有原料倒入锅中，进行1550~1600摄氏度的高温加热。

3. 用嘴将液态玻璃吹成需要的形状。

4. 把玻璃杯放在一旁，令其自然冷却凝固成型。

熔化
固态 → 液态
凝固

我的笔记

地壳，岩石组成的固体外壳，是地球固体圈层的最外层，这里埋藏着我们熟悉的化石、石油、矿石等。

地幔，位于地壳下面，属于地球的中间层。这里的温度很高，完全可以熔化坚硬的岩石，使它变成液体。

大自然的"水魔法"

如果水蒸气遇到了更冷的空气，就会变成雪花。

阳光把地上的水晒热，水变成了水蒸气，飘到天空中。

水蒸气飘到高空，遇到冷空气，变成小水滴。水滴聚集，形成云。小水滴变多、变重，变成雨。

植物蒸腾

下雪

水蒸气输送

下雨

地表径流

下渗

蒸发

地下径流

大海

雨水和雪花落到地上，一部分流进河里和海里，一部分渗入地下，成了地下水。

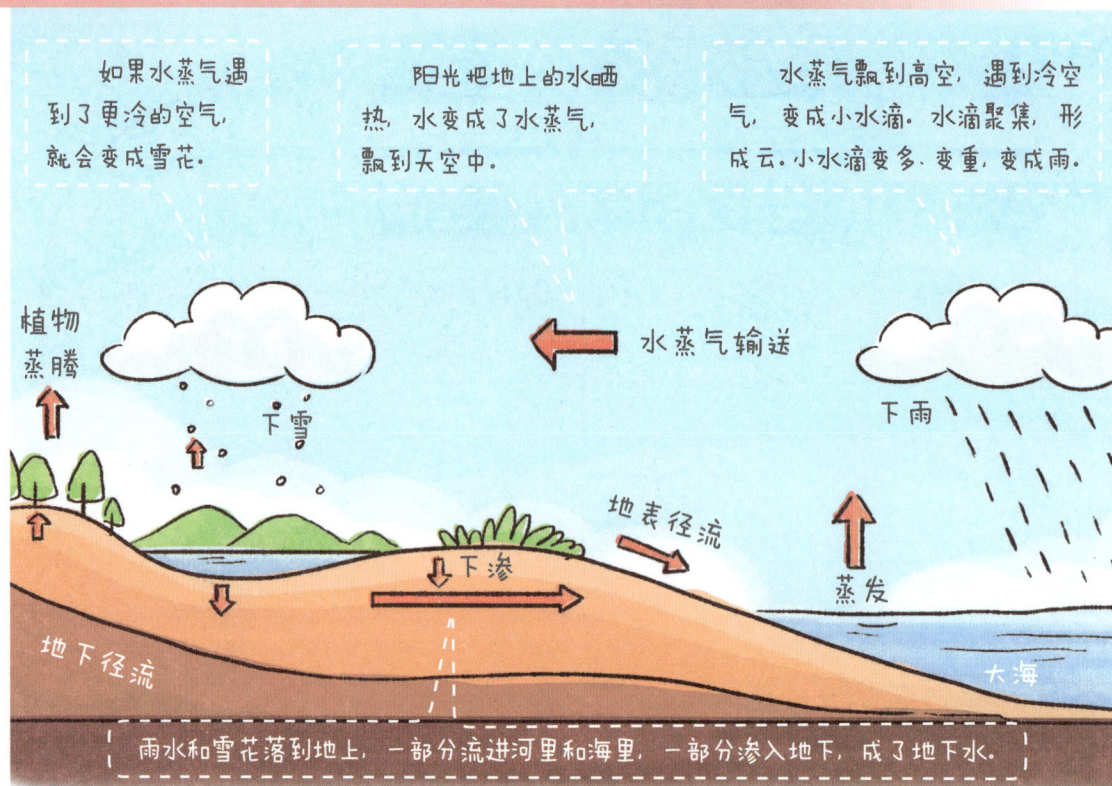

大自然的水就像一个魔术师，可以在固态、液态和气态之间转换。我们已经见识过固态变液态，液态变气态，那么固态如何变成气态，气态如何变成固态呢？

生活中的魔术师

放在衣柜里的樟脑丸，时间长了就会变小。樟脑丸从固态变成了气态。

白炽灯使用久了，灯泡内壁发黑，灯内钨丝变细。钨丝从固态变成了气态。

物质从固态直接变成气态，这个过程叫作升华。

🔬 带你去看雾凇美景

北方的冬季漫长又寒冷，空气中的水蒸气直接凝结成乳白色的固态小冰晶，附着在树枝上，形成了壮观的雾凇景观。

自然界的霜也是这样产生的。当温度低于 0 ℃，地面上的水蒸气会凝华形成白霜。

物质从气态直接变成固态，这个过程叫作凝华。

我的笔记

🔬 一起做白霜

你知道吗？夏天也能自制白霜，一起来做吧！

【实验器材】易拉罐、冰块、盐、筷子。

【实验步骤】

1. 将冰块倒入易拉罐中，再加入适量的盐。

2. 用筷子不停地搅拌，大约需要搅拌半分钟。

3. 用温度计测混合物的温度，显示为0℃以下。

4. 易拉罐的下部和底部出现薄薄的白霜。

这棵树怎么在后退

　　白云在天空中飘荡，鸟儿扑棱着翅膀探知世界，蜗牛缓慢地爬行回家……它们都在做自然界中最简单、最基本的机械运动。

> 　　一个物体相对于另一个物体的位置，或者一个物体的某些部分相对于其他部分的位置，其随着时间发生改变的过程叫作机械运动。

🏃 到底谁在动

　　坐在车上，感觉自己没动，旁边的树却在向后移动。换一种方式，如果你只盯着一棵大树、一座房屋，你又会感觉车子在向前走。

> 宝贝，不是树在后退，是车在往前走哦！

> 爸爸，你看，树在后退！

> 　　宇宙万物都可以作参照物，除了研究对象本身。我们判断物体运动还是静止，总要选取某一物体作为标准，这个标准物体被叫作参照物。

再说刻舟求剑

1.《刻舟求剑》这则寓言故事很多小朋友都听过：有一个楚国人乘船过江的时候，一不小心把剑落到江中的急流里。

2. 船夫赶紧停船让他下去找，楚国人则不紧不慢地拿出一把小刀，在船舷上刻了个记号。

这是剑落水的地方，我做好记号了！

3. 船夫疑惑不解。船行至岸边停下后，这个楚国人才顺着记号下水去找剑。

4. 掉进江里的剑不会跟着船走，但船和记号在前进，所以楚国人肯定找不到宝剑。

我动了吗

确定物体的运动情况，一定要选取合适的参照物，否则就会像这辆车里的人一样，不知道自己动没动。反过来说，根据物体的运动情况，也可以判断选定的参照物是哪个。

哇！真快啊！ 我动了吗？ 你没动。

乌龟为何能赢得跑步比赛

《龟兔赛跑》的故事，你应该很熟悉。兔子明明跑得比乌龟快得多，却因为偷懒睡觉，输掉了比赛，后悔莫及！

运动的物体，有的速度快，有的速度慢。

骏马在快速奔驰。

蜗牛在缓慢爬行。

谁跑得快呢

不论是短跑还是长跑，当大家所用的时间相同，谁跑的路比较长，也就是谁跑在前面，谁就跑得快。

到达终点时，大家跑过了一样长的路途，谁用的时间最短，谁就跑得最快，谁就是冠军获得者。

比较物体运动快慢的方法主要有以下两种：

一是在相同时间内，比较物体行驶的路程，路程最长的物体运动得最快。

方法一

二是在相同路程内，比较物体所用的时间，所用时间最短的物体运动得快。

方法二

🏃 身边的速度

磁悬浮列车的速度约为每小时 120 千米.

雨燕的速度约为每秒 48 米.

蜗牛每小时可移动大约 5 米.

自行车骑行的速度约是每秒 5 米.

人走路的速度约每秒 1.2 米.

🏃 这辆车的行驶速度一样吗

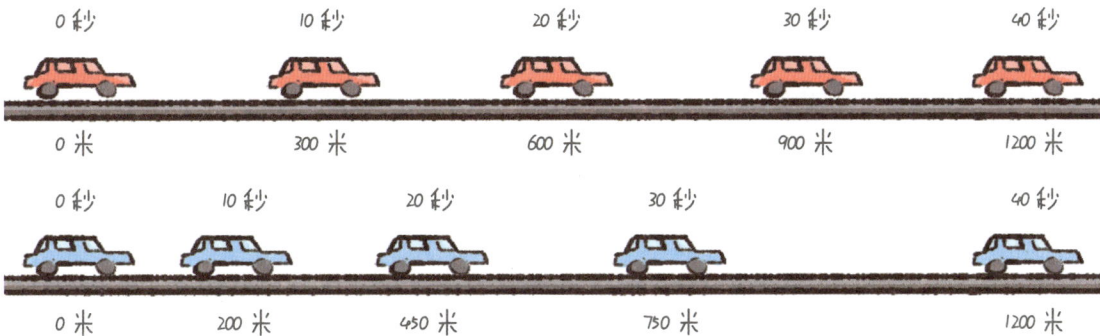

0 秒	10 秒	20 秒	30 秒	40 秒
0 米	300 米	600 米	900 米	1200 米

0 秒	10 秒	20 秒	30 秒	40 秒
0 米	200 米	450 米	750 米	1200 米

两辆车在平直的公路上行驶。红色车在相同时间内行驶的路程相同，它的速度始终不变；蓝色车在相同时间内通过的路程明显不相等，它的速度改变了。

物体沿着直线行驶，并保持速度不变的运动，叫作匀速直线运动。

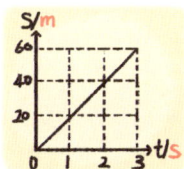

物体沿着直线行驶，但速度有变化的运动，叫作变速直线运动。

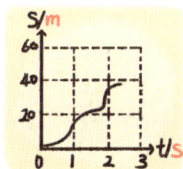

27

马拉松的赛程有多长

马拉松是国际普及的长跑比赛项目，全程42.195千米。除此之外，还有半程马拉松，全程距离的一半；四分马拉松，全程距离的四分之一，也就是一半的一半。

马拉松比赛场地大多设置在城市道路上，有一些弯路，增加了精准测量距离的难度。马拉松赛程距离究竟是怎样测量的呢？

我的专业名字叫"琼斯测量仪"，被固定在自行车上。丈量员骑自行车沿拟定路线前行，琼斯测量仪记录车轮转动的圈数。丈量员测量车轮的周长，再乘以记录下来的圈数，就能得到路线的总长度。

🏃 眼睛看长短

生活中很多时候，我们还会用眼睛判断物的长短。画画用的彩笔站一排，长短一目了然。

但眼睛也不一定可靠。彩铅围一圈，正红色铅笔最长，深蓝色铅笔最短，但不能确定黄色铅笔、绿色铅笔谁长谁短。

为了正确认识并且准确测量长短，人们发明了一些测量方法及相关仪器、工具。

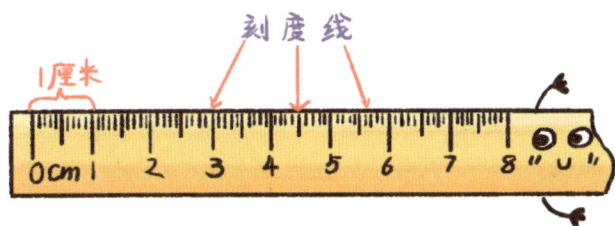

刻度线

1厘米

0cm 1 2 3 4 5 6 7 8

我是直尺，上面有刻度线，厘米是生活中常用的长度单位，用"cm"表示。

用尺子测量长度时，要将 0 刻度线对准被测量物体的一端，另外一端所对应的刻度就是该物体的长度。

球、毛绒玩具熊等圆形或不规则形状的物体，它们的周长不能用笔直、硬挺的尺子进行测量，应该用"能屈能伸"的卷尺。

裁缝为人量体裁衣也用卷尺。它能测量出准确的长度，尤其适合测量胸围、腰围、臀围、肩宽等。

[胸围]　88厘米
[腰围]　61厘米
[臀围]　90厘米
[肩宽]　39厘米
……

卷尺还有一个优点：便于测量较长的物体。制作礼服裙要用很长的布料，需要用到"米"这个单位，用"m"表示。卷尺很长，数到100厘米就是1米。

100 厘米 =1 米
这块布料的长度：330 厘米 =3 米 +30 厘米

妈妈想要给孩子网购一双鞋子，需要量一量孩子的脚丫有多长。但是，孩子的脚并没有完全对应刻度上的数字，怎么办？

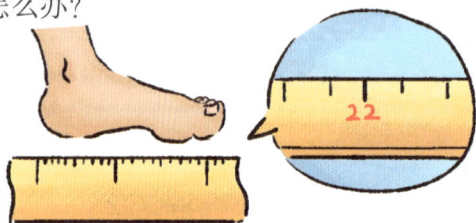

尺子的刻度值在1厘米中还有10个更小的刻度。每个小刻度代表1毫米，用"mm"表示。

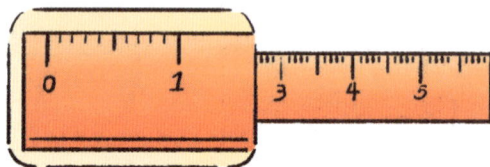

1 厘米 =10 毫米.

比1厘米多一些的长度，也可以用毫米来计数。如图，纽扣的长度超过2厘米，落在第6个毫米刻度上，那么纽扣的长度就是2厘米 + 6毫米 = 26毫米。

无法测量不足1厘米的长度时，就需要用毫米来测量。这个纽扣的厚度在第1个毫米刻度左右，大约为1毫米。

刚才那个脚丫的长度是多少？你可以记录下来。

（　　　）毫米

以身体为尺

在过去相当长的一段时间里，人们没有统一的计量方式，通常用手长、步长、脚长、臂长来估计长度，便捷又实用。今天，不少人仍在用这种简单的方式临时估计长度。

手长

臂长

臂长
手长
身长
脚长

【小知识】

一拃（zhǎ）：手指张开，大拇指到中指的距离。

一步：正常行走时，前脚掌最前端与后脚掌最前端之间的距离。

一庹（tuǒ）：双臂侧平举，两臂向左右伸开的距离。

现在我们再去看看人们如何测量江河的长度吧！它应该用什么来计量呢？用千米！它是 1 米的整整一千倍！

（公式：1 千米 =1000 米）

假设你的一拃是15厘米，那么桌子大约有多长呢？

在比萨斜塔上扔铅球

在空气中，一个纸球和一个铁球在同一高度同时下落。当纸球还在空中飘时，铁球早已落地了。你是不是觉得重的物体比轻的物体的下落速度更快？16世纪著名的物理学家亚里士多德也是这么认为的，但伽利略却不这样认为。

难道亚里士多德说的就一定对吗？

据说，伽利略从意大利的比萨斜塔上同时扔下两个材质相同、大小不同的铅球，结果这两个铅球居然同时落地。

谁先落地呢？

比萨斜塔

空气走开，别挡住我下落的去路。

原来，物体在空气中下落会受到空气的阻碍。纸球太轻，空气可轻易地阻挡它下落；铁球太重，空气想挡都挡不住。

纸球妹妹，快点儿，天都快黑了。

如果忽略空气对物体的阻碍作用，那么轻重不同的物体在同一高度同时下落时，也会同时落地。

如果在月球那样的真空环境下，纸球和铁球不再受空气的阻碍，那么是否会同时落地呢？1971年，美国宇航员在月球上同时扔下一根羽毛和一个铁球，结果两者同时落地。

创造一个真空环境，观察纸片与羽毛的下落运动。

1. 空气中，纸片比羽毛下落得快。

2. 把空气抽走，变成真空环境。

3. 真空中，纸片和羽毛同时下落到底部。

在只有重力作用的条件下，常规物体做初速度为零的运动，叫作自由落体运动。

自由落体运动只发生在没有空气的空间里。有空气的空间里，如果空气的阻挡作用小到可以忽略不计，那么也算自由落体运动。

自由落体运动的起始速度基本为0。下降过程中，物体始终保持相同速度的增加，而且物体下落的速度与质量无关。

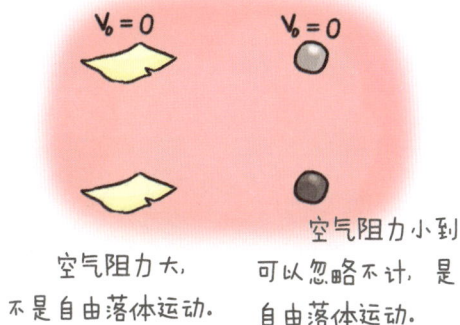

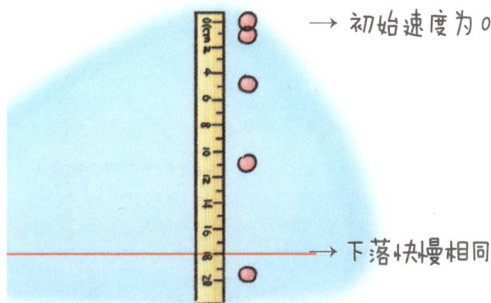

$v_0 = 0$　$v_0 = 0$

空气阻力大，不是自由落体运动。

空气阻力小到可以忽略不计，是自由落体运动。

→ 初始速度为0

→ 下落快慢相同

拔河比赛中，一班参赛选手被三班参赛选手拉得转了起来，双脚不由地向前移动，甚至有人向前扑倒，最终输了比赛。

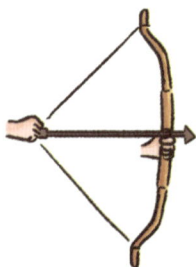

倾斜靠后的拔河姿势，有助于把地面上的摩擦力最大限度地转化为绳的拉力。下一节会提到摩擦力，别错过哦！

【小知识】　　拔河既是一项体育竞技运动，也是一项娱乐活动。人数相等的两队人马，分别握住长绳两端，向着相反方向用力拉绳，将绳上系着标记的点拉过规定的界线，就判定为赢。

力看不见、抓不着，但当你发力时，手部、脚部肌肉明显紧张。

踢足球时脚得用力。　　人把水桶提起来需要力。　　人推车需要力。

🚀 力在变魔术

力就是物体间的相互作用，它不能脱离物体而单独存在。那么，你知道力会造成什么样的结果吗？

拉弓的时候，弓的形状发生了改变。

撑杆跳高时，撑杆的形状发生了改变。

力还能改变运动的状态，例如，物体由静止开始运动或者由运动变为静止，物体运动的速度或方向发生了改变等。

1. 投球手把静止的棒球投掷出去。

2. 接球手接住棒球。

3. 另一个接球手也可以把棒球击出。

谁影响了力

用力的大小不同，达到的效果也各不相同。

用力拉弹簧，弹簧会被拉得更长。

小孩力气小，拉不开拉力器；大人力气大，能拉开拉力器。

力的受力方向不同，呈现的效果也不同。

用手压弹簧，受力方向朝下，弹簧变短；用手拉弹簧，受力方向向上，弹簧会变长。

顺时针转动扳手，螺丝变紧；逆时针转动扳手，螺丝变松。

力的作用点不同，力的作用效果也不一样。

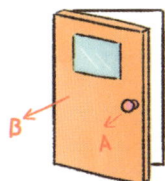

用同样大小的力拉门，A 点比 B 点更容易拉开这扇门。

用同样大小的力转动扳手，A 点比 B 点更轻松些。

圣诞老人巧用摩擦力

圣诞节到了，圣诞老人们要把圆鼓鼓的礼物袋搬到雪橇上。有人根本拉不动，有人吃力地推着，而有人的礼物袋好像长了腿，飞快地跑向雪橇。

> 地面和礼物袋接触时，接触面产生阻碍运动的力，名为摩擦力。

> 礼物袋外面套了塑料膜，礼物袋与地面之间的接触面变光滑，摩擦力减小，礼物袋滑得快。

🚀 摩擦力在捣蛋

把手放在桌面上来回移动，手掌移动得不太顺畅。因为桌面和手掌间的接触面的摩擦力阻碍了手掌在桌面上移动。

🚀 走！去看冰壶比赛

在冰壶比赛中，一名运动员先将冰壶沿着冰道投出，其他几名队员跟壶前行。有时一人轻擦冰面，有时两三人合力擦冰，直至冰壶滑行至营垒区。

发球区

冰道

营垒区

当运动员手持长柄冰刷摩擦冰面时，冰壶与冰面间的接触面马上形成一层水膜，减少了冰壶与冰面间的摩擦力，加快冰壶的前进速度，增加其滑行距离。

滑梯非常光滑，从上往下滑得很顺利。

给机器倒入润滑油，机器不再发出咯吱声。

咯吱！

咕噜！

🚀 自行车慢下来

骑上自行车，脚踩下踏板发力的那一刻，自行车加速了。要怎样让自行车慢下来呢？

握紧刹车把手，刹车片挤住了轮胎的车圈，刹车片和车圈之间产生摩擦力，自行车就会慢下来。

车轮与路面之间也有摩擦力。有些自行车的轮胎还有花纹，增大摩擦力。

小朋友们，生活里还有哪些增加摩擦力的例子呢？

体操运动员比赛时用防滑粉来回搓手，增加其与物体接触时的摩擦力。

登山时，穿着防滑靴更安全。防滑靴的鞋底耐磨，增加摩擦力。

用手敲桌子，手却疼了

用手敲打桌面，手会感觉疼痛，而且敲打的力气越大，手越疼。用手拍打桌面，手用力拍，桌子承受拍打的力。当桌子施展反作用力时，会因手承受这个力而感到手疼。

即使只是单纯地把小箱子放在桌子上，桌子也会被压得不舒服，因为小箱子对桌面产生了压力。桌子不甘示弱，把力反作用回去，小箱子也感受来自桌面的支撑力。

支撑力

压力

压力与支撑力是一对作用力和反作用力，它们大小相等，方向相反。

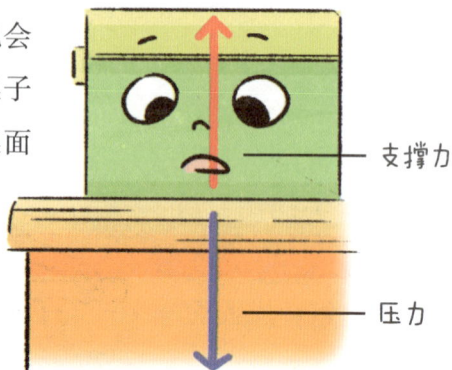

对任何作用力来说，总是存在一个数值相等、方向相反的反作用力。作用力与反作用力总是发生在两个不同的物体上。

🚀 穿着旱冰鞋推墙

男孩穿着轮滑鞋滑行时，稍用力地推了一下墙，身体竟然被墙的力反推。男孩和墙既是施力物体，又是受力物体。

物体之间力的作用是相互的。一组物体是施力方，也是受力方；另一组物体是受力方，也是施力方。

手推墙 →

墙反推 ←

推墙

🚀 水推着我前进

水的反作用力给了我们前进的动力。划船时，船桨把水向后拨。同时，桨受到水向前的推力，帮助船向前行进。

蛙泳时，双脚向后蹬水，水受到向后的作用力，而人会受到水向前的反作用力，这便是游泳时人们获得的前进动力。

🚀 空气发出的超级动力

吹起一个气球，再松开捏住气球口的手。当空气从气球里向外跑时，气球会朝着与空气相反的方向运动。

火箭升空时，火箭向下喷气，喷出的气体对火箭产生向上的反作用力，也就是火箭上升的推动力。

气体分子

反作用力

作用力

反作用力

作用力

两个物体间的作用力和反作用力，作用在同一条直线上。

无后坐力炮向前发射炮弹的同时，向后喷射火药，产生气体，这样后坐力就被抵消了。其实，它并不是消灭了反作用力，而是新增了一对作用力和反作用力，使两个作用在炮膛上的反作用力互相抵消了。

平衡力超好的杂技演员

杂技演员非常厉害，似乎只要一个支点，他们就可以把任何东西都支撑起来。例如，他们可以依靠一根长长的竹竿或平举的双臂在高空走钢丝。

🚀 平衡等于端正吗

用一根手指把尺子支撑起来，尺子不会倒向任何一方，这就是平衡。

用一根手指支撑在盘子的正中心，盘子就可以保持平衡了。

勺子两端的形状不一样，重量也不一样，所以手指支撑其正中心并不能使它保持平衡。

把手指向重量大的一端稍移动，勺子就能乖乖地在手指上保持平衡了。

物体受到几个力的共同作用，仍可以保持静止状态或匀速直线运动状态，叫作物体处于平衡状态，简称"物体的平衡"。

🚀 用身体表演杂技

其实，不仅手指可以让物体保持平衡，身体的其他部位也可以做到。

头顶球

鼻子顶杯子

肩膀顶乐器

🚀 寻找重心

物体平衡的诀窍在哪里？我们用一块形状规则的木板来演示一下吧！

1. 用三根手指把木板平稳地支撑起来。

2. 三根手指慢慢地向木板中心靠拢。

3. 三根手指所接触的那个点就是木板的重心。

4. 找到物体的重心后，用一根手指就能平稳地支撑木板。

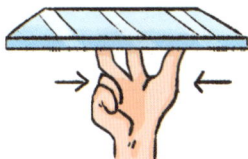

一般来说，规则物体的重心就是它的中心位置。不规则物体的重心，可以用悬挂法来确定。

🚀 倾斜的易拉罐

给空的易拉罐灌水，直到水位大约达到易拉罐的三分之一处为止。易拉罐倾斜时，底部和地面有两个接触点，也就是支撑点。当水的重心正好处在这两个支撑点之间，斜立的易拉罐就可以保持平稳啦！

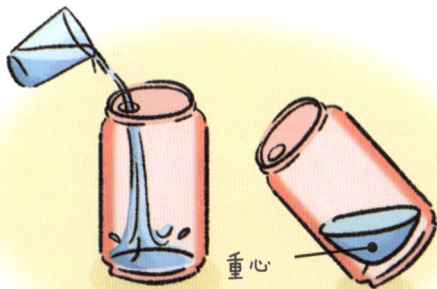

无论水装得太满还是太少，只要易拉罐和水的重心都在支撑点外面，就不能斜着保持平稳。

重心

咦！奔跑的公交车突然急刹车，车里的人控制不住地往公交车的行驶方向倾斜。是谁在捣乱？快把他抓起来！惯性吓直哆嗦，无处可藏。

🚀 **惯性无处不在**

快速跑步时，突然想停下来，却无法马上停下来，甚至有些人会摔倒。

秋千只要荡一下，就会持续荡一小会儿。即使从秋千上跳下来，秋千还会保持运动的状态，甚至不小心打到你的屁股。

公交车突然前进，车上所有人会因惯性的作用而向后倾。

玩蹦床时，人往下落，头上的辫子会因惯性的作用而没有降下来。

静止的物体也有惯性。本来静止的物体保持静止状态的性质，也叫惯性。

🚀 你利用过惯性吗

生活中，我们常常利用物体的惯性。

足球，只要用力踢一下，就从静止变成运动状态了。飞出去的足球在空气中，因为惯性还能飞很远。

跳远运动员快速助跑，飞身一跃，利用自身的惯性，在空中继续前进。

农民大叔撞击锤柄下端，锤柄停止运动，锤头因为惯性继续向下，套紧锤柄。

跳板也会产生力

跳水运动员起跳前，需要在跳板上多弹跳几次，将跳板向下压，使跳板发生弹性形变。因为跳板具有弹性，所以它想恢复原本的状态，就会产生向上的弹力，将运动员弹出。

我是金属材料制成的，弹性不错。

物体在外力的作用下变形，撤去外力后能够恢复原状的性质，叫作弹性。被改变模样的物体具备的恢复原状的力，叫作弹力。

弹簧 "弹弹弹"

弹簧，圆珠笔、订书机里都有的小零件。弹簧被按压，会自然而然地缩短。撤去压力后，弹簧又会恢复原状。

弹簧伸长之后会恢复原来的模样。日常生活中最常见的就是弹簧秤和蹦床等。

橡胶也有力

橡胶和弹簧有点像，可以被拉伸得很长。如果拉伸的力不存在了，橡胶会重新回到原来的模样。球、橡皮筋、轮胎等都是用橡胶做的。

弹力球从地上弹起来，一不小心会弹到人的头上。

弹弓中间有根橡皮筋，橡皮筋用力拉长再松开，借助弹力把石头发射出去。

汽车行驶在坑坑洼洼的路上，但因为车胎有弹力，所以车才能继续行驶。

🚀 竹子也有弹性

弓是竹子制成的，具有弹性。当人们使劲向后拉弓弦时，弓会弯曲，但因为弓具有弹力，所以也会恢复原状。

竹条因形变而产生的弹力还能推动小船离岸前行。

【小知识】

有些物体，变形后不能自动恢复原来的形状，例如，橡皮泥。它虽不具备弹性，但具备塑性。

牛顿和万有引力

引力是宇宙中最普遍的力，任何两个物体之间都有引力。最早发现引力的是英国物理学家牛顿。

据说，牛顿正坐在一棵苹果树下看书，突然一个熟苹果掉了下来，砸在了他的头上。他想："苹果为什么不上升，反而下降呢？"最终，他发现了万有引力。

宇航员登陆月球，穿着厚重的宇航服，不能像在地球上时那样走路，因为月球上的引力只有地球的六分之一。

🚀 地球引力

地球的引力紧紧地拉着我们，使我们可以站在地球上。

如果地球引力消失或变弱，我们将会被甩出地球，飞到外太空去。

地球另一端的人也站得很稳，因为地球引力指向地心。

🚀 太阳引力

太阳有极大的引力，它吸引了许多大小不一的物质。它们都围绕着太阳运转，共同构成了太阳系，其中就有我们的地球。

引力就像一根看不见的绳子，把每个行星约束在太阳周围，并且它们受力平衡，在各自的轨道上前进，不会撞到彼此。

🚀 星球引力不一样大

不同星球上的引力不一样大。假如我们分别在这些星球上跳高，能跳多高呢？引力越大，把人拽得更近，跳得自然会更低。

约120厘米	约20厘米	约22厘米	约25厘米	约8厘米
月球	地球	金星	火星	木星

> 哟呵，我竟然能跳那么高！

> 哎呀，我是不是变重了，怎么跳不起来！

【小知识】

据说，银河系的中心就是一个黑洞。黑洞周围的引力特别强大，任何靠近它的物体都会被撕裂。任何物体都无法逃脱黑洞的引力，包括光。

> 救命！

物体从空中落下

纸飞机好像鸟儿一样振翅高飞，不一会儿，啪嗒！落在地上。

足球，冲啊！飞得好远、好高，可最后还是落向地面。

哐当！谁碰倒了花瓶？花瓶摔到了地上，全碎了！

纸飞机、足球、花瓶都会往下落，是谁在捣乱！原来是地球身上的一种力在捣乱。它的名字叫重力，由地球引力产生，但并非地球引力本身。

重力使得雨和雪总是向下飘，水总是往低处流，扔向天空的石头上升后还是会掉在地上。

你从较低和较高的地方丢一件物品，会有不同的结果吗？

从低一点儿的地方丢物体，咣当！但可能并没有什么变化。

但如果从高楼的阳台上不小心掉下一个物体，轰隆！这个物体多半会瞬间摔成碎片。

锤子和羽毛从同一高度下落，锤子比羽毛更快速地穿过空气。所以，锤子比羽毛下落得更快。

重力会使物体下落的速度越来越快，物体在下落的过程中，物体的大小、形状和质量都会影响它穿过空气的速度，使物体下落的速度不同。

每一个物体都逃不出重力的影响。重力的方向总是竖直向下的，而不是垂直向下的。我们可以画一画下面这些物体所受的重力。

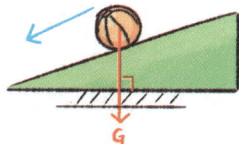

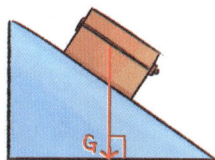

寻找离心力

地铁从笔直的轨道开进拐弯的轨道时,列车上的我们虽然想要保持笔直行驶的状态,但身体却控制不住,好像被谁往外推似的。它是谁呢?它就是离心力!

列车向右拐弯,乘客会被推向列车行进方向的左前方。

外侧

物体在远离旋转中心的弯曲路径上运动时所产生的类似于力的效果,就是离心力。弯道越弯,地铁或汽车转弯的速度就会越快,离心力也就越大。

离心力就在我们的身边,只要稍微细心观察,在很多场合都能找到它!

给水桶装上水,并用力抡转水桶。水桶没有盖子,但水桶到达头顶上空倒置的瞬间,水并没有洒出来。原来水被离心力压在水桶底部。当离心力大于水的重力时,水就不会洒出来。

下雨天，我们快速转动打开的雨伞，雨滴在离心力的帮助下，都"躲"到了雨伞的外侧，最终飞离雨伞。

当你骑在旋转木马上开始旋转时，人和木马会受到一个向外的离心力，产生向外飞离的感觉。

下雨天，行驶的自行车和汽车会将马路上的泥水甩到轮胎后面，这也是离心力的"杰作"。

洗衣机的脱水筒把吸附在衣物上的水分甩掉，其实也利用了离心力，并且极大地方便了我们的生活。

【小知识】

离心力还有一个好朋友——向心力。向心力是维持物体保持旋转运动轨迹的一种力的效果。它的方向始终指向旋转参考系的中心。

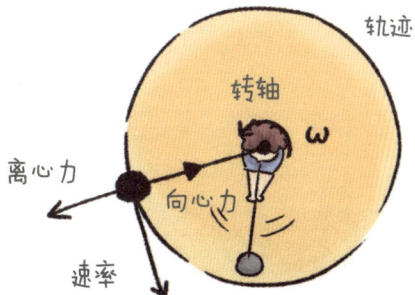

轨迹

转轴

离心力

向心力

速率

51

跷跷板上的较量

热闹的游乐场，两个好朋友正兴高采烈地玩着跷跷板。一根硬棒固定在某一个支撑物上，支点就是这个支撑物与跷跷板接触的点。

跷跷板就是一种简单又神奇的杠杆。什么是杠杆呢？如果一根硬棒可以绕着一个固定点转动，那么这根硬棒就是杠杆，这个固定点就是支点。两端轮流发力，又被轮流抬起。

阻力：阻止杠杆动起来的力。

阻力臂：支点到阻力作用线的距离。

动力臂：支点到动力作用线的距离。

支点：固定不动的点或者支撑物，杠杆可以围绕它转动。

动力：让杠杆动起来的力。

第一个提出杠杆原理的人是古希腊著名的哲学家阿基米德。他的经典语录是："给我一个支点，我便可以翘起整个地球。"

🚀 杠杆打水

古埃及的人们用桔槔取水。桔槔的中间有一个支撑物，其中一端绑着重物，另一端系着麻绳和木桶。人们利用桔槔另一端的重物便可轻易地将木桶打满水。

后来人们还发现，挂着木桶的一端离木架越远，重物离木架越近，需要的力气就越小，木棍翘起的高度也会越高。

我也是杠杆.

好轻松!

好轻松!

🚀 三种杠杆

据说，古埃及神话故事里的"审判之秤"是等臂杠杆，就是动力臂和阻力臂一样长。

生活中还有一种常见的省力杠杆，动力臂 L_1 比阻力臂 L_2 长，人们可以用很小的力气搬运很重的物体。

动力臂 L_1 比阻力臂 L_2 短的杠杆，叫作费力杠杆，人们需要花费比平时更大的力气才能翘起另一端的重物。

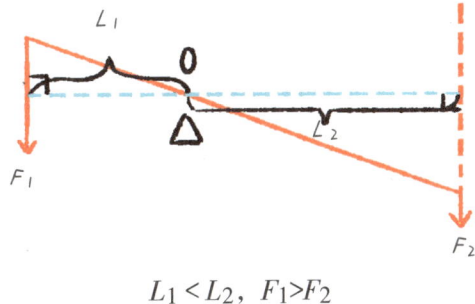

$L_1 > L_2$, $F_1 < F_2$

$L_1 < L_2$, $F_1 > F_2$

旋转的杠杆

三国时期，有一个特别厉害的人物——曹操。他有一个小儿子，名叫曹冲。曹冲从小就聪明伶俐，五六岁时就帮助大人称出一头成年大象的体重。那么他是怎么做到的呢？

1. 先把大象赶到一艘大船上。

2. 大船下沉，在水面到达与大船的位置作标记。

3. 把大象赶下大船，再把石头搬上大船，直至水面回到大船的标记处。

4. 用秤分次把这些石头称出来，它们的重量和就是大象的重量。

后来，人们把一个或多个滑轮固定在绳子上，绳子通过滑轮能够轻松地提起河马。

绳子一端连在需要被提起的物体上（这个重物有一个名字，叫作负载物），绳子的另一端用来使力，拉动负载物。

滑轮种类比较多，这里我们只讲两种简单滑轮，即定滑轮和动滑轮。

升国旗时，我们用的是定滑轮。定滑轮，简单地说，轴固定不动，滑轮围绕轴心转动。

其实，定滑轮就是一个等臂杠杆，不省力也不费力，但能改变力的方向。

$F_1=F_2$，$L_1=L_2$。

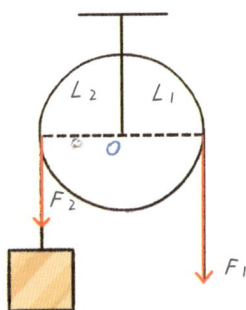

人们在井里吊着桶打水，用的是动滑轮。动滑轮，滑轮绕着轴心转动，而且随着物体一起移动。

动滑轮是动力臂长度为阻力臂二倍的杠杆，能省一半力，但不能改变力的方向。

$$L_1=2\times L_2，F_1=\frac{1}{2}F_2$$

吊车就是一个省力的动滑轮装置，使用滑轮能轻而易举地抬高或下拉物体。

绳索连在三个轮子上，组成一个滑轮组，被广泛用于搬运重物。

托起船的神秘力量

呜呜呜……一艘钢铁巨轮浮在海面上，平稳地驶离了港口。那么重的船真的不会沉下去吗？

放心吧！虽然这艘游轮看起来很大，但水里有一股无形的力向上托着它，使得轮船不会沉下去。这个力就是浮力。

🚀 浮力不神秘

鸭子浮在河面上嘎嘎叫，乒乓球漂在水面上远行。多亏水有向上的浮力，才使它们可以稳稳当当地浮在水面上。

沉在水里的苹果、铁块，难道没有受到浮力作用吗？当然不是，物体在液体中都会受到浮力的影响，但浮力小于重力时，物体会沉下去。

冰山，漂在海上的巨大冰块。它大部分都隐藏在水面之下，只有大约八分之一露出了海面。

有一些木头可以漂在水上，于是人们落入水中后会抱着木头等待救援。

浸在静止液体中的物体受到的浮力大小正好等于这个物体所排开的液体的重力。

🚀 小船淹没了

地球上所有的物体都会受到地球引力的作用，即使在水里也不例外。我们折只纸船试试吧！当水的浮力小于小船受到的重力时，小船很快淹没在水中。

把小船放入水中，它会不断往下沉。

在下沉过程中，船会排开一部分水，排开的水越多，受到的浮力越大。

当船受到的浮力刚好和重力一样大时，船就浮在水面上了。

如果往船里增加货物，船会慢慢下沉。

当水淹没船舱，整只船就会沉进水里。

26

吹动风车旋转的风力

很久以前，人们收完小麦，会用杵和臼对小麦进行脱粒，然后捣成面粉。

后来，聪明的劳动人民懂得了利用风使机械运转，用风力驱动大风车，专门用来把谷物磨成粉。

风车上的叶片被称为翼板，也就是螺旋桨。螺旋桨被风吹动，发出"呼呼"声。

扇尾是较小的帆轮，连接在风车的背部，固定在齿轮上。齿轮带动碾子转动。

之后，人们发明立轴式大风车，将其旋转轴垂直于地面，利用风力驱动，可以更好地灌溉农田。

为了让大风车运转起来，需要风力来推动风帆。这个风帆能够自动调节迎风方向，可以接受来自多个方向的风。

其实，这个利用风力的原理并不难理解。平时生活里，你吹一口气，也能产生风力，驱使风车转动。

现代社会，这种立轴大风车的身影已经出现在利用新能源的设备上，让我们国家的可再生资源发电量稳居世界第一。

利用风力带动风车叶轮旋转，再透过机舱内的增速机提升叶轮旋转的速度，有利于发电。许多风力发电机一起运转所产生的电足够满足一座小城镇的用电需求呢！

27

是谁让降落伞缓慢下落

淘气的小朋友爬到树上，但又不知道怎么下来。小伙伴们纷纷建议他闭上眼睛，直接往下跳，然后小伙伴用布接住他。

太危险啦！如果他直接从树上跳下来，那块布可能会破掉，小男孩会掉到地上，十有八九会受伤！

小男孩能不能像小鸟一样张开双臂，让空气托着他下来呢？或者让他抱着一只大气球，慢慢飘落下来？

🚀 空气有阻力

一片纸可以轻轻地飘到地面，小鸟可以轻盈地落在树枝上，气球可以慢慢地飘落下来……其实，它们都受到了一股力的影响，这种力就是空气阻力。

当空气阻挡或试图减缓某个物体的穿行速度时，就会形成空气阻力。运动的物体与空气发生摩擦，便会产生阻力。

有些物体与空气摩擦而产生的阻力并没有那么大，甚至可以被忽略不计。光滑、圆润的大理石不小心从手中滑落，"哐当"一声砸向了地面。

🚀 打开降落伞

降落伞利用空气阻力减缓了降落速度，使人或物慢慢地安全着陆。

伞衣或伞盖用于捕捉空气，有长方形或伞形模样。

人们习惯用质地轻柔的棉布、尼龙、丝绸制作伞衣。

伞绳是伞衣的骨架，弹性好，强度高。

伞带相当于安全带，用双层或三层织物制成，足够系住人或物。

降落伞把士兵空降到某处或将物资空投到某一个地方。

降落伞帮助宇航员搭乘的太空舱安全着陆。

有些赛车手如果觉得刹车系统不够用，会用降落伞辅助停车。

🚀 一起做个降落伞

我们一起做一个简单的降落伞吧！

准备好物品：纸巾、胶水、细绳、胶带、纸板、铅笔、颜料、画刷、剪刀。

1. 剪出两大块正方形纸巾，将它们面对面地粘贴在一起，再修剪一下，充当伞衣。

2. 用胶带将纸巾的四个角分别粘贴上长度相等的细绳。

3. 在一块硬纸板上画一个爸爸的图案，沿着图案边缘剪下，再涂上颜色。

4. 把四条长度相等的细绳绑在图案上。

5. 把降落伞拿到户外，让风托起它向空中飞翔，然后静静地等待它的降落。

森林里的小兔子今晚想要邀请朋友们参加它的生日宴会，于是他给每一位好朋友都写了请柬。可是请柬怎么送出去呢？

> 快递员大叔病了，这些请柬怎么办呢？

小兔子把请柬绑在小鸟的腿上，只要小鸟沿着正确的方向飞翔，肯定能准时把请柬送到每一个伙伴的家里。

> 小黄狗家在哪里？

小鸟不认识朋友们的家。算了，还是用箭头戳住请柬，朝着朋友们家的方向发射吧！

> 飞吧，飞到小黄狗家吧！

哎，太危险了！还是把请柬挂在风筝上，再把风筝放到高空，这样大家都可以看到啦！

> 飞高点儿！

风筝，把布料或纸张糊在骨架上的一种飞行器，需要借助风的升力飞上天空。引导风筝飞来飞去的竟然只是一根长长的风筝线，风筝的尾巴还能辅助风筝平稳飞行。

风筝的面积足够大，重量足够轻，空气的推力和升力可以帮助它在空中飞起甚至停留一小会儿。

现代社会最快送达邮件的方式应该是飞机运输。可是，飞机那么重，怎么能飞上蓝天呢？我们先来组装一架飞机，看飞机的每一个部分是如何辅助它飞向蓝天、白云的。

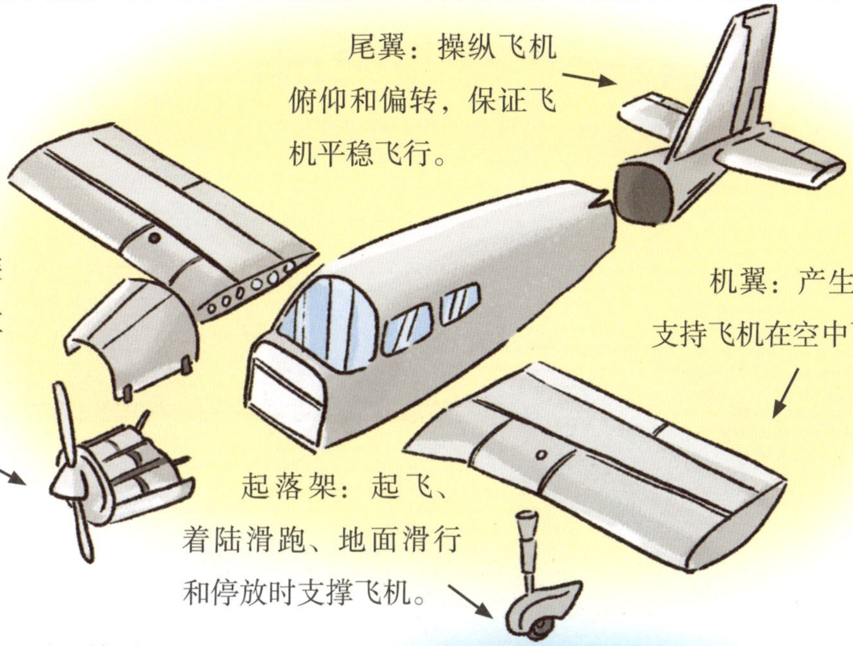

尾翼：操纵飞机俯仰和偏转，保证飞机平稳飞行。

动力装置：产生拉力和推力，使飞机前进。

机翼：产生升力，支持飞机在空中飞行。

起落架：起飞、着陆滑跑、地面滑行和停放时支撑飞机。

飞机升空和风筝升空一样，都需要一个强大的空气升力，也叫托举力。

机翼表面拱起，气流遇到它会上下分流，上方的空气压力小，下方的空气压力大，从下往上会产生一股强大的升力，于是飞机升空。

风

机翼

下面我们一起做个纸飞机，比比谁的飞机飞得远。

请准备好下列物品：白纸。

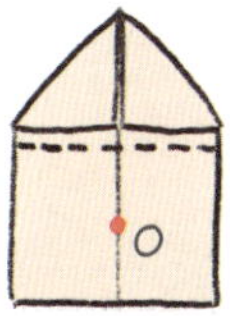

1.将白纸对折，展开，顶部的两个角折叠至中心。

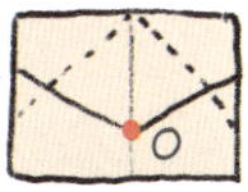

2.沿上图中的横线对折上半部分，折至圆点O。

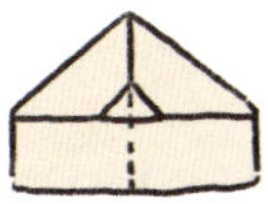

3.沿上图的两条线，向中心线折出两个三角形，并把中间的尖角折上去。

4.沿中心线反向对折，再折出机翼，纸飞机就做好了。

水龙头的水喷射而出

爷爷奶奶家门前有个小院子，小院子里种满了花草，快给这些花花草草浇水吧！可是如何让水管里的水喷得更远一些呢？

通常状态下按压水管，但水管很软，水管里的水只能流出来，喷不远。

如果用手指堵住管口，那么管口流水的面积会变小，管内的水压会增大，从而让水喷射而出。

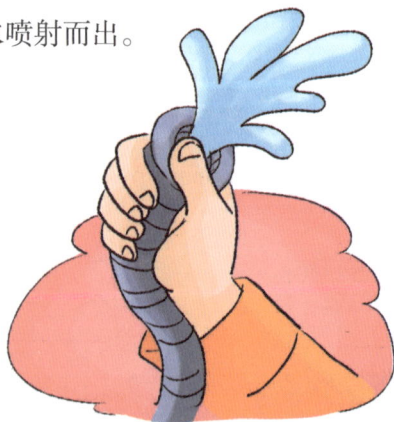

因为水管里流动的水受到摩擦力的影响，水压会降低，所以喷不远。

物理这么容易

电与磁

李　楠◎编著

吉林科学技术出版社

图书在版编目（CIP）数据

物理这么容易 / 李楠编著 . -- 长春 : 吉林科学技术出版社 , 2023.10
（写给小学生的科学知识系列 / 吴鹏主编）
ISBN 978-7-5578-9836-6

Ⅰ . ①物… Ⅱ . ①李… Ⅲ . ①物理学—少儿读物
Ⅳ . ① O4-49

中国版本图书馆 CIP 数据核字 (2022) 第 182085 号

写给小学生的科学知识系列

物理这么容易

WULI ZHEME RONGYI

编　　著　李　楠
策 划 人　张晶昱
出 版 人　宛　霞
责任编辑　李万良
助理编辑　宿迪超　周　禹　郭劲松　徐海韬
封面设计　长春美印图文设计有限公司
美术设计　黄雪军
制　　版　上品励合 (北京) 文化传播有限公司
幅面尺寸　170 mm × 240 mm
开　　本　16
字　　数　150 千字
印　　张　12
页　　数　192
印　　数　1-6000 册
版　　次　2023 年 10 月第 1 版
印　　次　2023 年 10 月第 1 次印刷

出　　版　吉林科学技术出版社
发　　行　吉林科学技术出版社
社　　址　长春市福祉大路 5788 号出版大厦 A 座
邮　　编　130118
发行部电话 / 传真　0431-81629529　81629530　81629531
　　　　　　　　　　　　　　　81629532　81629533　81629534
储运部电话　0431-86059116
编辑部电话　0431-81629378
印　　刷　长春百花彩印有限公司

书　　号　ISBN 978-7-5578-9836-6
定　　价　90.00 元

目 录

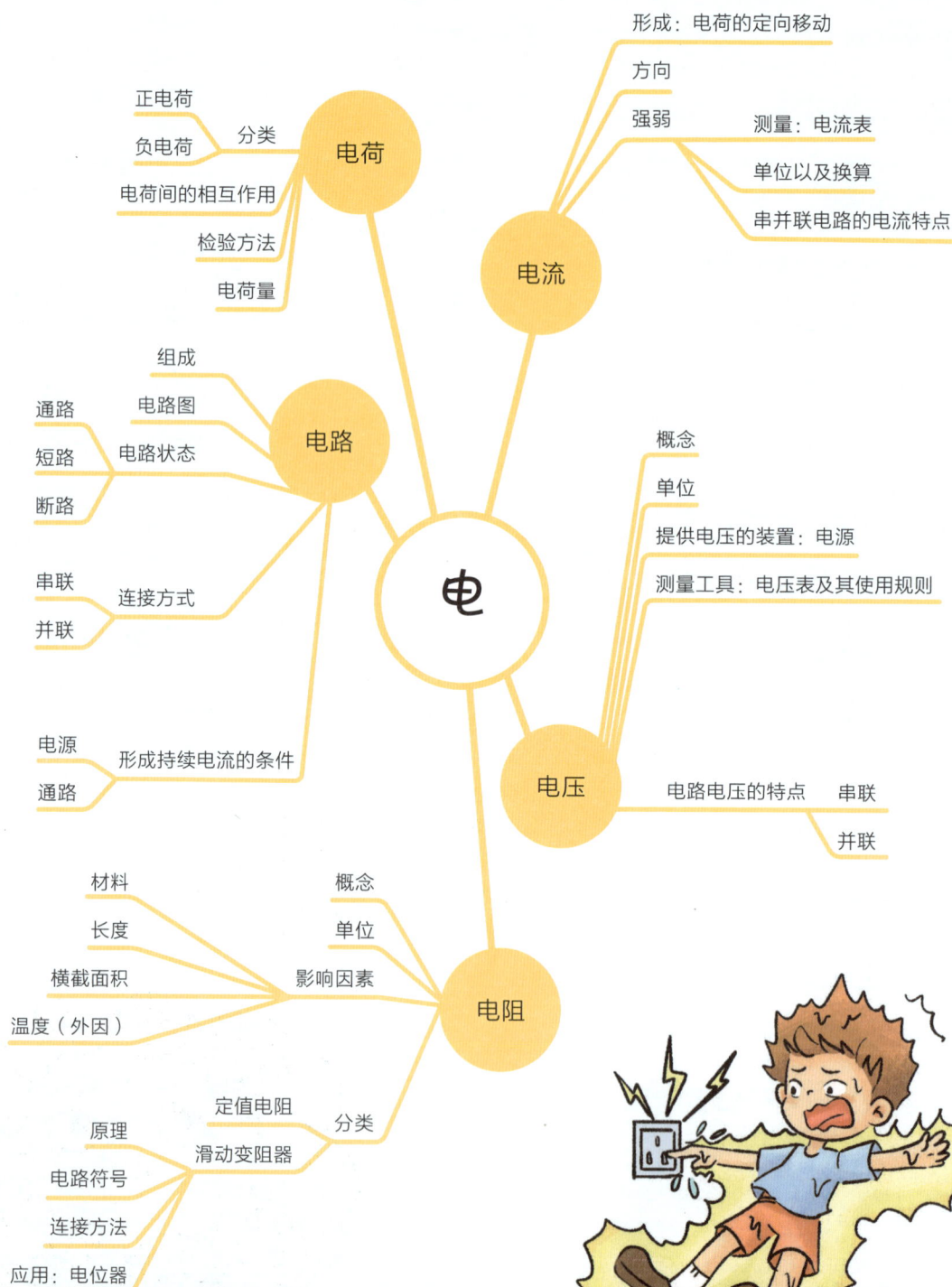

电

电荷
- 分类
  - 正电荷
  - 负电荷
- 电荷间的相互作用
- 检验方法
- 电荷量

电流
- 形成：电荷的定向移动
- 方向
- 强弱
  - 测量：电流表
  - 单位以及换算
  - 串并联电路的电流特点

电路
- 组成
- 电路图
- 电路状态
  - 通路
  - 短路
  - 断路
- 连接方式
  - 串联
  - 并联
- 形成持续电流的条件
  - 电源
  - 通路

电压
- 概念
- 单位
- 提供电压的装置：电源
- 测量工具：电压表及其使用规则
- 电路电压的特点
  - 串联
  - 并联

电阻
- 概念
- 单位
- 影响因素
  - 材料
  - 长度
  - 横截面积
  - 温度（外因）
- 分类
  - 定值电阻
  - 滑动变阻器
    - 原理
    - 电路符号
    - 连接方法
    - 应用：电位器

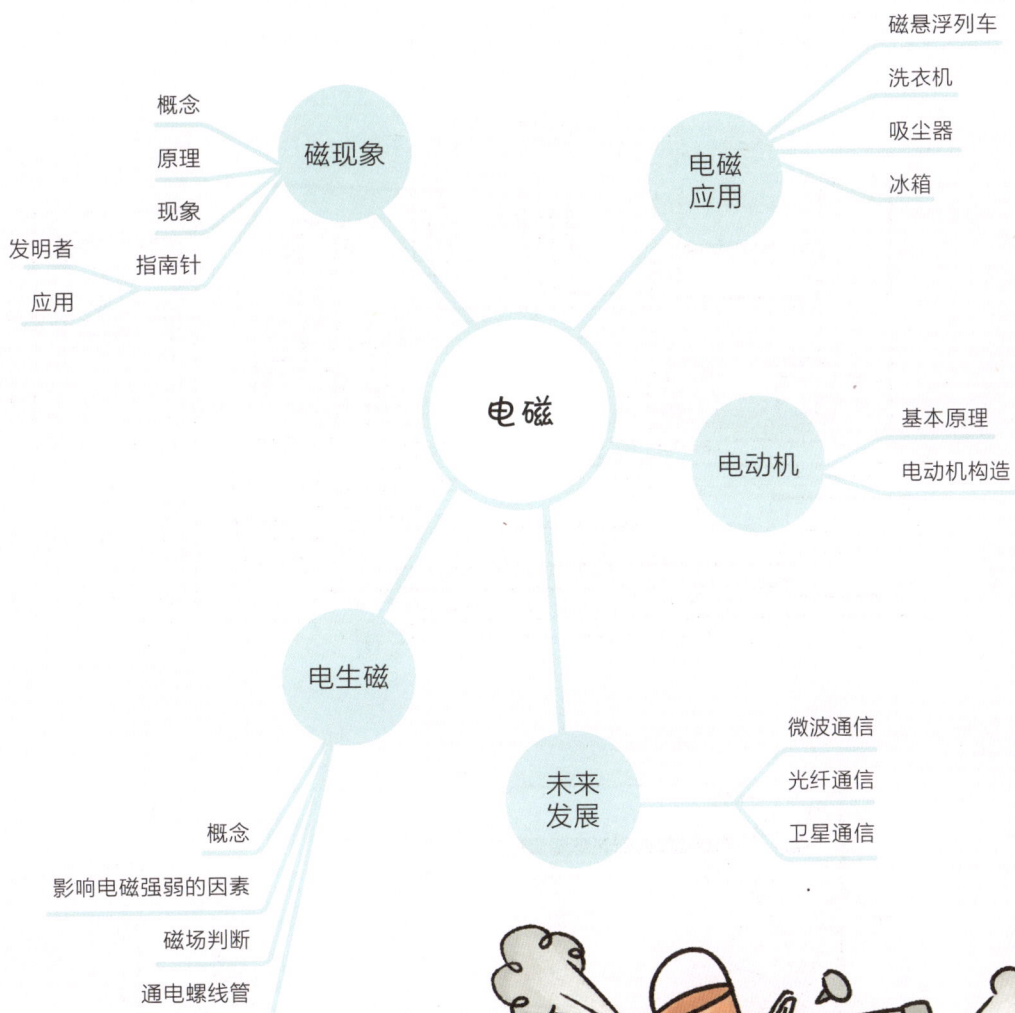

磁现象
概念
原理
现象
指南针
发明者
应用

电磁应用
磁悬浮列车
洗衣机
吸尘器
冰箱

电磁

电动机
基本原理
电动机构造

电生磁
概念
影响电磁强弱的因素
磁场判断
通电螺线管

未来发展
微波通信
光纤通信
卫星通信

01

噼里啪啦，电来啦

嗨！大家好，我是电，交流电、直流电、低压电和高压电都是我的小兄弟，我们体内蕴含着能量，可以给人类带来光明、温暖和动力，但也可能会带来致命的伤害。

电来啦！电饭煲、电水壶、豆浆机、微波炉、电冰箱……叮叮当当地忙个不停。

电来啦！房间里的电子产品运转起来，空调、电视机、加湿器……纷纷被启动。

天黑了，电来了，它把家里的电灯点亮了，屋外也灯火通明。

别惊讶，电还有更厉害的用途呢！它还可以启动你家的汽车和电动车、工厂里的大机器设备等。

能量简称"能"，表示物体工作时能力的大小，包括动能、势能、热能、电能、光能等。能量可以让人们攀越高山、跨过河流等。电能也一样，可以让物体由静变动。

电长什么样子

日常生活中，电是无处不在的。现代社会，电子技术、空间技术、海洋科技、生物工程……这些事物把我们带入了一个崭新的高科技时代，这些高新技术的发展同样离不开电。那么，到底什么才是电呢？

物质基本由分子和原子构成，其中，原子又由更小的粒子组成。原子的中心有一个原子核，由中子和质子组成。原子核的四周还围绕着一圈粒子，名为"电子"。电子的数量和质子一样多。

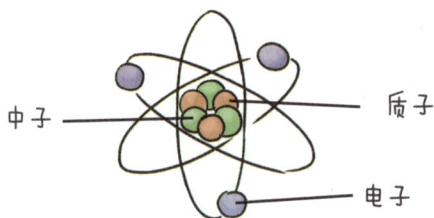

中子　　质子　　电子

> 粒子，构成物质的最小单位。质子、中子、电子都属于粒子，粒子所拥有的带电性质被称为"电荷"。质子带正电荷，中子不带电，电子带负电荷。

当原子内部的正电荷和负电荷数量相等时，原子就不带电。

原子一旦得到或失去电子，原子就带电了。

呜呜呜，我怎么不带电呢？

哈哈哈，我终于带电了！

你可能会有这样的疑问：电子怎么会有得失呢？一般情况下，电子围绕原子核运动时，难免会发生摩擦或碰撞，稍有不慎甚至会脱离轨道，而这些脱离了轨道的电子，被称为"自由电子"。

有6个电子

有9个电子

原子核
（有6个质子）

原子核
（有9个质子）

自由电子

那么，原子究竟是带正电荷还是负电荷呢？电子脱离原子核后，原子总体的负电荷会减少，原子就带正电荷。如果电子的数量增加，那么原子自然就会带负电荷。

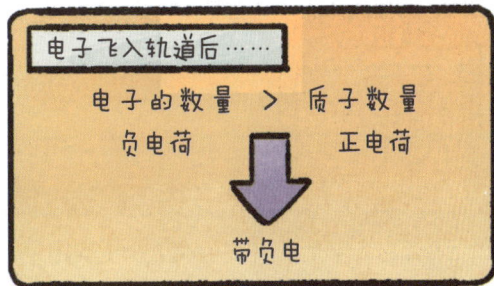

电子飞离后……

电子的数量　＜　质子数量
负电荷　　　　　正电荷
⬇
带正电

电子飞入轨道后……

电子的数量　＞　质子数量
负电荷　　　　　正电荷
⬇
带负电

03

电从哪里来

电灯、电视、冰箱、吸尘器、空调、洗衣机……都需要电来启动。那么，你知道这些电来自哪里吗？

发电站

人们利用煤或石油燃烧产生的热量加热水，然后形成高温高压的过热蒸汽，最后利用蒸汽的力使火力发电站工作。

水槽

煤炭

涡轮机

发电站里有一个"发电高手"——发电机。它是个庞大的机器，由涡轮机驱动。涡轮叶片被驱动旋转，带动发电机内部磁铁上绕着的金属线圈开始旋转，于是线圈内的电子运动，形成电。

N S

成功发电后，电子沿着长长的电线，"奔跑"起来。长长的电线从发电站一路延伸下去，经过无数的电线杆，连接了城市的每一个角落。

如果要把电能输送到较远的地方，那么就需要变电站的帮忙。它可以把电压升高，变为高压电。电到达每家每户前，还需要利用变电站把电压降低，方便人们使用。

变电站

煤炭、石油等燃料燃烧会危害地球健康，于是科学家们想办法将水能、风能、太阳能等清洁能源转化为电能。

水坝：利用水落下时产生的力，驱动机器发电。

风车：风使扇叶旋转，其所产生的力使发电机器转动发电。

太阳能板：充分吸收太阳光，将太阳能转化为电能。

04

闪电是怎么回事

在可怕的雷雨天，你是不是会躺在被窝里，忧心忡忡地想着这些不知道从哪里来的闪电呢？自然界中一直有电的身影，闪电便是其中一种。那么，闪电是如何产生的呢？

自然界本身就带有正电荷和负电荷两种电荷。

雷雨天气里，大量的正电荷聚集在云层的顶部，而负电荷则"待"在云层的底部。

正电荷和负电荷总是相互吸引，努力地靠近彼此。

正电荷和正电荷不会相互吸引，反而会相互排斥。两个负电荷也是这样。

等到云层顶部的正电荷和底部的负电荷相遇时，便会产生闪电。

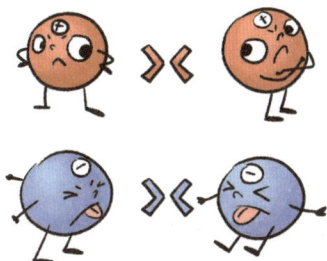

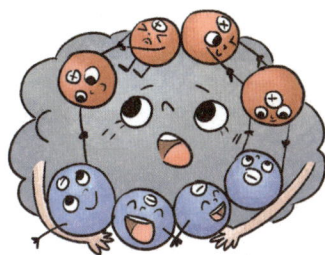

有时候，云层底部的负电荷会和聚集在地面上的正电荷相互吸引，同样会产生闪电，击中房屋、树木，甚至伤及路人。

美国科学家富兰克林在雷雨天放风筝，闪电沿着风筝线击中了绑在上面的一把钥匙，证实了闪电就是电，还因此发明了避雷针。

避雷针，又叫"防雷针"，专门将雷电引到自己身上，再将这种电传到地上。避雷针可以保护建筑物、高大树木等免受雷击。

13

05

人的身体也带电

干燥的天气里，用塑料梳子梳头发，头发跟着梳子飘起来了。

冬天，在干燥的房间里，脱衣服时偶尔会产生噼里啪啦的火花。

早晨起床触碰电灯开关，偶尔会有触电般的感觉，手指有一点麻。

难道我们的身体也带电吗？试试拖着双脚走过地毯，再用手触碰家中的门把手，你很可能会被电到。

这是怎么回事呢？脚在地毯上来回摩擦，电子开始自下而上地移动，从地毯传到人的身上。

身体得到了额外的电子，便会带电。一旦带电的手触摸门把手，电子就会被传到门把手上。

不用胶水，通过静电，人们也可以将窗花剪纸轻易地贴在玻璃窗户上。

将塑料尺、塑料笔杆、塑料梳子等与头发摩擦后，它们竟然能吸起小纸屑。

吹个气球，在头发上使劲摩擦，再向屋顶上方扔，气球很容易"吸"在天花板上。

人体因为摩擦才会带电。类似这种用摩擦的方法使物体带电的现象，叫作"摩擦起电"。

这种电就是我们熟悉的"静电"，是生活中极为常见的放电现象。

06

去电线内部一探究竟

实验室里，博士用电源、电线、鳄鱼夹、灯泡制作了一个简单的电路装置。接下来，神奇的事情发生了。

1. 把两个鳄鱼夹连接在一起，电通过灯泡，灯泡亮了。

2. 把金属棒夹在鳄鱼夹中间，灯泡还是亮了。

3. 把金属棒换成橡胶棒，同样夹在鳄鱼夹中间，灯泡却没有亮。

我是一个简单的电路装置，别着急，22 页有详细的介绍！

这是怎么回事呢？我们去金属棒和橡胶棒内部看看吧！

金属棒中，金属原子最外层的电子比较活跃，很容易挣脱原子核的束缚，成为自由移动的电子。一旦外接电源，自由电子就会定向移动，形成电流，可以导电。

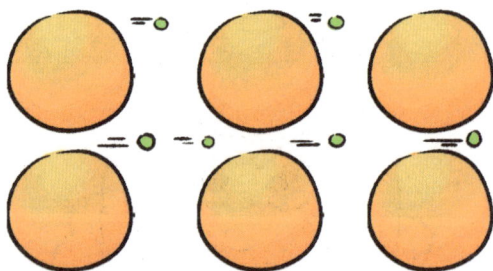

橡胶棒中，电子会被牢牢地束缚在原子核四周，始终围绕着原子核高速旋转，无法自由移动，无法形成电流，因此不能导电。

⚡ 谁能让电子跑起来

你发现了吗？家中大多电器都连着一条细长的电线。这些电线都是用铜、铝等金属材料制成的，称为"导体"。在这里，电子可以"跑"得很快。

纯水不是导体，但我们不可以用湿手触碰插座和开关。因为日常生活中的水都不是纯水，里面带有自由离子，可以在外电荷的影响下，发生定向移动，形成电流。

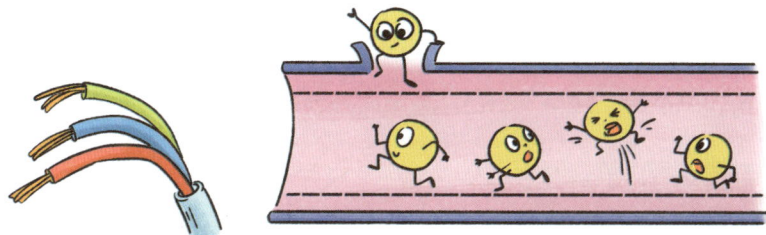

生活中还有哪些常见的导体呢？

石墨
人体
大地

⚡ 谁又不让电子逃跑

人们用橡胶包住电线，阻止电子从导体中跑出来。橡胶好比笼子，把电子封锁在电线里，不让它们逃跑。那些不容易传导电子的材料被称为"绝缘体"，可以保护大家不触电。

生活中还有哪些是绝缘体呢？

玻璃　　　陶瓷　　　塑料　　　干木头　　　橡皮

电线使用时间太久，容易老化、破损，甚至漏电，特别危险。如果你在路上遇到断掉的电线，一定不要触碰它。

⚡ 魔术师半导体

导体和绝缘体之间还有一个好朋友，它的名字叫"半导体"，是一位"魔术师"。

导体　　　　半导体　　　　绝缘体

我会变魔术，你们信不信？

常温下，半导体不会导电。若改变温度或电压，半导体便可以导电。再次改变温度或电压，半导体又不导电了。

半导体看似神秘，其实早已被广泛运用在各式各样的电器中。

半导体制成的电路，叫作"集成电路"。

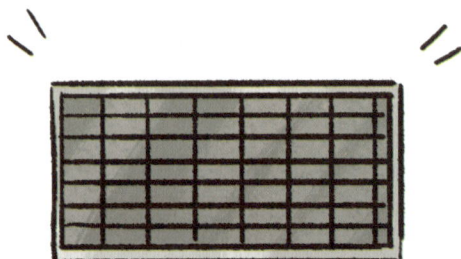

半导体制作的电池，叫作"太阳能电池"。

07

静电为什么不能给机器供电

还记得静电吗？它虽然带有电荷，但这小小的电荷瞬间就会被释放掉，根本不能给常用的机器供电。

嗨！我是静电。

嗞

嗞

嗞

嗨！我是一个简易的电路装置，我又来了！

闭合开关，电流涌向灯泡，小灯泡会持续发光。那么，什么是电流呢？

水朝着同一个方向流动，形成水流。

汽车朝同一方向移动，形成车流。

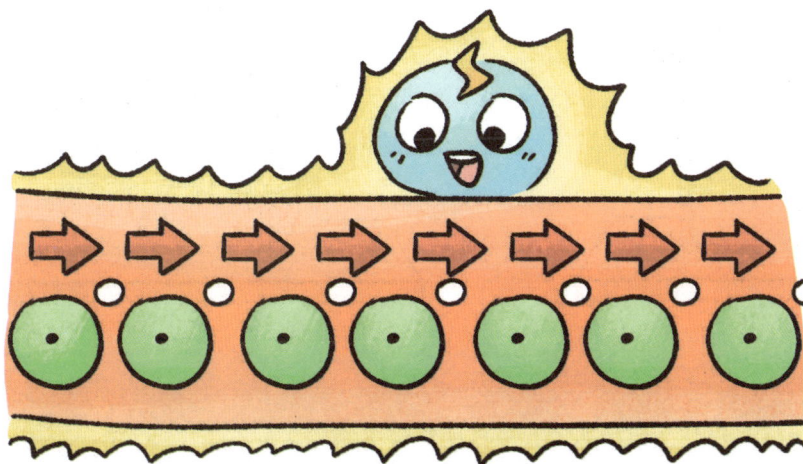

电荷在原子间定向流动，便会产生电流。

博士在实验室里又忙碌起来，我们去看看吧！

1. 2个验电器，1个带电，金属箔张开；1个不带电，金属箔闭合。

2. 用金属棒连接两个验电器，原本闭合的金属箔张开。一部分电荷通过金属棒从A传到了B，电荷发生了定向移动，形成了瞬间的电流。

1. 开关断开时，导线没有电流通过，金属导体内带负电的自由电子在做无规则的运动。

将开关闭合，金属导体内带负电的自由电子开始做定向移动，形成电流。

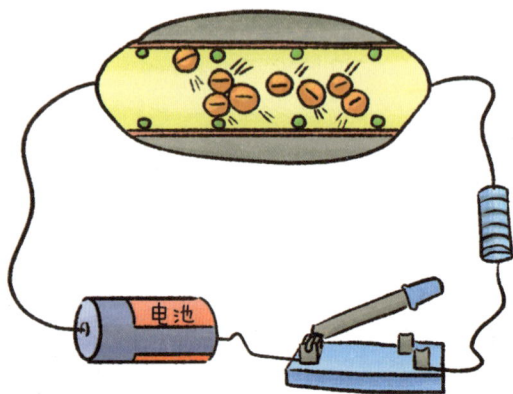

2. 博士又端来一盆食盐水，也叫"酸碱盐溶液"。把两块电路板放入食盐水中，通电后正负电荷在向相反方向同时发生定向移动，形成电流。

回路中有电流时，发生定向移动的电荷可能是正电荷，也可能是负电荷，还可能是正负电荷同时向相反方向发生定向移动。

你知道电流的方向吗？物理学规定：将正电荷定向移动的方向规定为电流方向。因此，负电荷定向移动的反方向为电流方向。

酸碱盐溶液中的电流方向与正电荷定向移动方向相同。

导线中的电流方向与负电荷的定向移动方向相反。

在电源外部，电流方向从电源正极流向电源负极。

08

电池连接的一条回路

为了方便小朋友们参与实验，博士特意简化了前面那个电路装置。

材料准备： 灯泡 1 个、干电池 1 节、导线 2 根。

实验开始： 先将导线分别拧到装有导线的灯座插口上；再将两根导线另一端的塑料皮割开，露出金属线；然后将露出的金属线分别拧到干电池的正负极两端。

实验结果： 灯泡竟然亮起来了。

电流从干电池的正极出发，通过导线，经过灯泡里的钨丝，再经过另一根导线，回到干电池的负极。电流通过的这一段回路其实就是一个完整的循环，名为"电路"。

> 不管是断开哪一段电路，灯泡都不会发光。

能够提供电能的装置叫电源。家庭电路中的电流是靠发电站中的发电机维持的，博士做的简易装置中的电池也是一种常见的电源。

玩具小车中的电路又是什么样的呢？玩具小车受电动机驱动，电由干电池正极出发，经过电动机，流向干电池负极。电通过电动机时，电能转换成动能，带动电动机轴心转动车轮，使小车跑起来。

想让小车跑得快一些，就得加快电动机转动的速度。我们可以试试将干电池增加到2节，由此加大电动机的电流。

将2节干电池的正极和负极首尾相连，再连接到电动机上，小车会跑得更快。

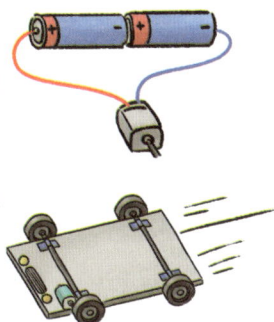

将2节干电池的正极和正极并列相连、负极和负极并列相连，再连接到电动机上，小车并不会加快速度。

2节干电池的正极和负极首尾相连，称为"串联"；正极和正极、负极和负极并列连接，称为"并联"。

我们可以用符号表示电路连接的图，名为"电路图"。这里需要用一些元件符号替代实物电路哦！

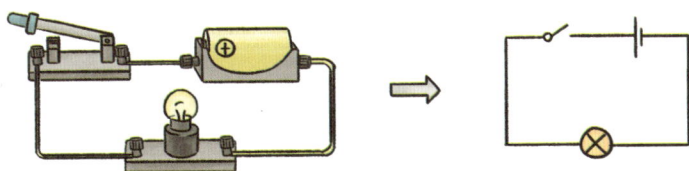

你能看出这些替代实物元件的图形符号吗？

电池

灯泡

电阻

发光二极管

电动机

开关

电流表

滑动变阻器

相连的导线

电压表

09

电池魔法大变身

硫酸属于一种化学物质，把它溶到水里，可调和成稀硫酸。再将一根导线两端分别连接锌板和铜板，一并放入稀硫酸中，可变身成电池。

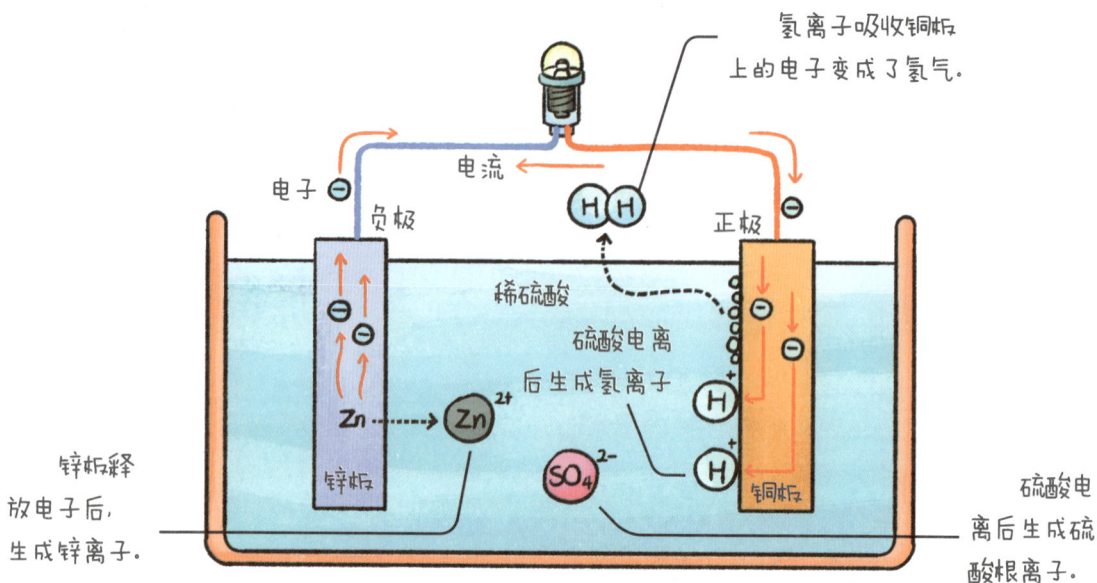

氢离子吸收铜板上的电子变成了氢气。

电子 ⊖　　负极　　电流

稀硫酸

硫酸电离后生成氢离子

正极

Zn → Zn^{2+}

锌板

锌板释放电子后，生成锌离子。

SO_4^{2-}

H　H

铜板

硫酸电离后生成硫酸根离子。

这种电池名为"伏打电池"，据说是最早的电池。锌板带负电，铜板带正电。电子由锌板经导线流向铜板，从而产生电流，点亮灯泡。这种电池的缺点是使用寿命较短。

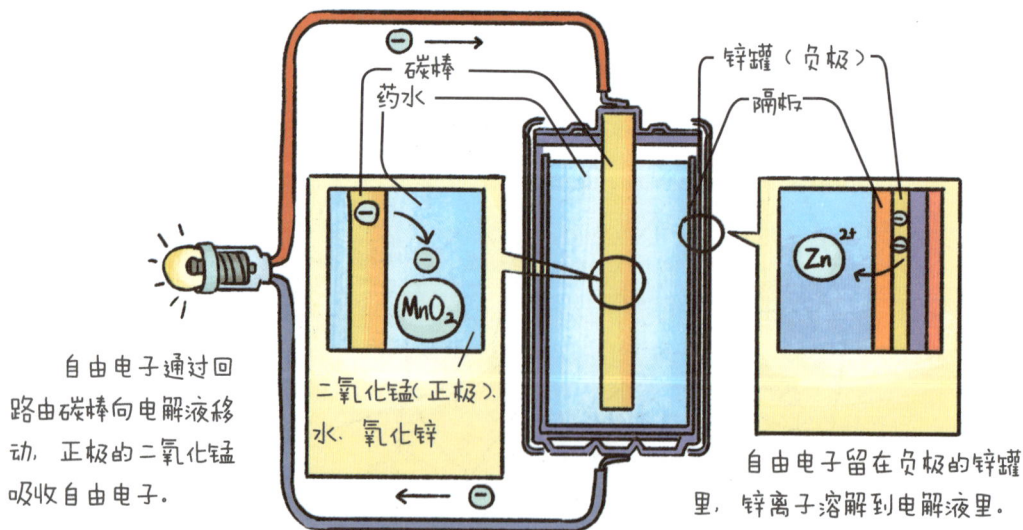

碳棒

药水

锌罐（负极）

隔板

MnO_2

二氧化锰（正极）、水、氧化锌

Zn^{2+}

自由电子通过回路由碳棒向电解液移动，正极的二氧化锰吸收自由电子。

自由电子留在负极的锌罐里，锌离子溶解到电解液里。

这种电池名为"碳锌电池"，外面是一个锌罐，负极。锌罐内侧有一个隔板，只有正离子才能游过去。

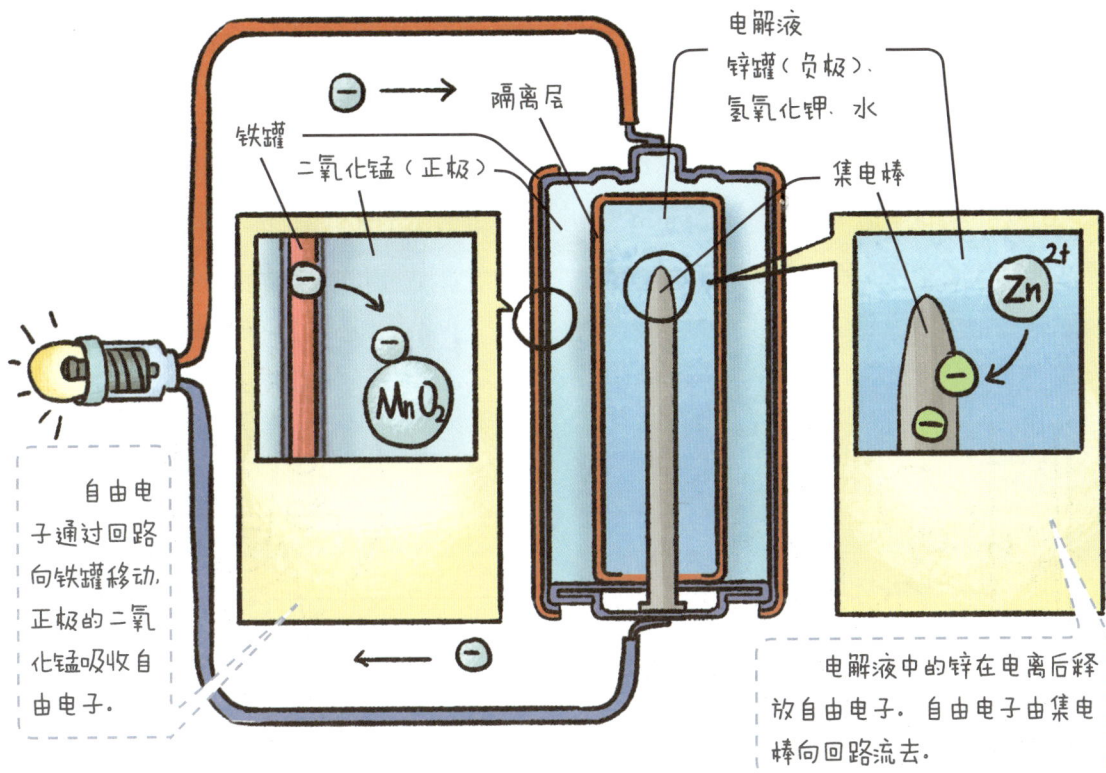

电解液
锌罐（负极）、
氢氧化钾、水

隔离层

铁罐

二氧化锰（正极）

集电棒

Zn^{2+}

MnO_2

自由电子通过回路向铁罐移动，正极的二氧化锰吸收自由电子。

电解液中的锌在电离后释放自由电子，自由电子由集电棒向回路流去。

我是碱性电池。铁罐里以二氧化锰为正极，隔离层里以电解液中的锌为负极。

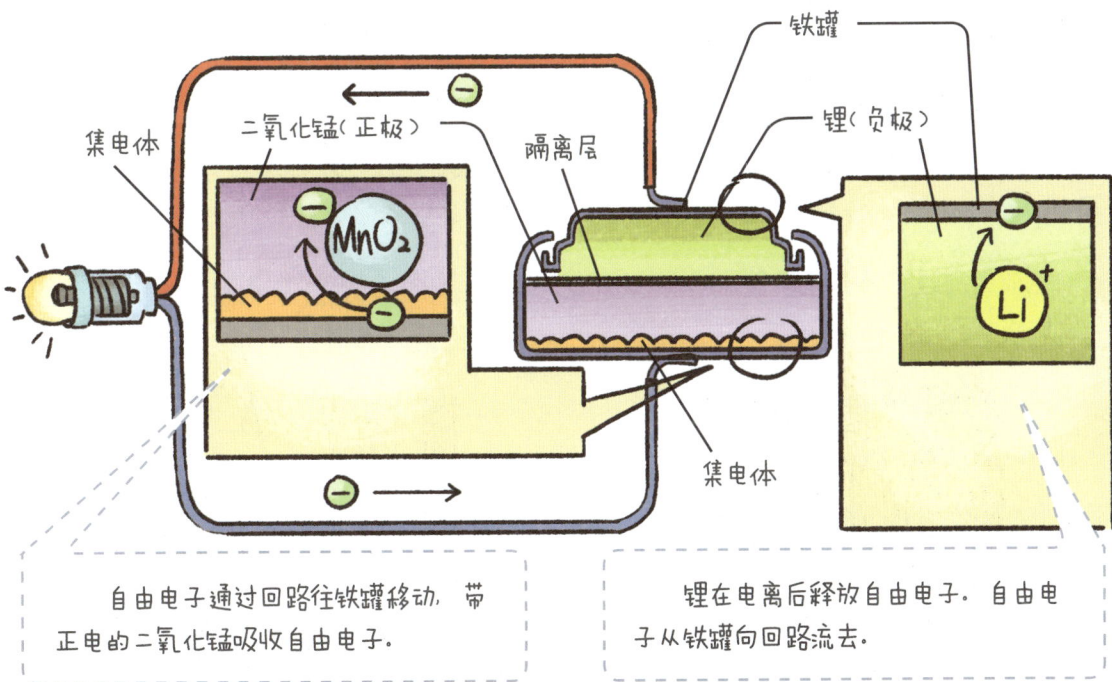

铁罐

锂（负极）

集电体

二氧化锰（正极）

隔离层

MnO_2

Li^+

集电体

自由电子通过回路往铁罐移动，带正电的二氧化锰吸收自由电子。

锂在电离后释放自由电子。自由电子从铁罐向回路流去。

这种电池名为"锂电池"，正极大多用二氧化锰，负极则用锂。

10

谁在阻挡电灯亮起来

电荷家族集体出动，成群结队地运动，产生了电流。电流排着队一路走来，怎么突然停了下来？原来，前方的电源插座阻挡了它们的去路。连接上电源插座，电荷们继续前进。

怎么又停下来了？原来是一个开关按钮挡住了它们的步伐。用手按压，打开开关，电荷们便蜂拥而至。

电荷们穿过钨丝相互挤压、碰撞，产生了光和热。

玩了一天，困意袭来，天色已晚，关灯睡觉的时间到了。

⚡ 灯泡有没有亮起来

博士又在制作他的简易电路装置，我们一起去看看小灯泡什么时候才会被点亮。

开关断开，小灯泡
不发光。

没有电源，小灯泡
也不会发光。

灯泡要持续发光，
需要有电源，开关也应该
处于闭合状态。

⚡ 寻找家里的开关

家里的开关种类很多，它们主要负责控制电流的流动，帮助我们正常使用家用电器
和电动玩具。如果不使用它们，那么最好把这些开关统统关掉。

⚡ 开关如何控制电流

1. 打开开关，电流
会源源不断地从电池跑
向灯泡，最后又回到电
池里，于是灯泡亮了。

通过

关 开

禁止通过

关 开

2. 关掉开关，电
流被开关拦了下来，
无法跑到灯泡里，灯
泡不亮了。

11

关电闸等同于跳闸吗

客厅的电灯突然不亮了，爸爸想要换一个新的灯泡。为安全起见，他关掉了电闸，这下家里彻底没电了。

> 爸爸，关掉开关不行吗？

> 只是关掉开关，不能防止灯座漏电。

> 关电闸，直接隔离电源，切断了整个屋子的电流和电路，才能确保灯座上没有电。

几分钟以后，爸爸打开了电闸，孩子打开了墙上这盏灯的电源开关，家里又重新亮了起来。

> 灯泡换好了。

> 哇，灯又亮啦！

仔细找找，你家墙上是不是有一个电路开关，俗称"电闸"！家庭电路中，一旦使用的电器较多，产生的电流较大，超过了电路开关的负荷，它便自动跳闸断电。

一家人外出旅游，回来后发现冰箱里湿漉漉的，里面的食物也惨不忍睹。冰箱没有通电，电闸并没有拉下来。这是怎么回事呢？

有时，重新合闸又会马上跳闸，旁边的复位按钮没有突出；有时，电器一旦重新插入插座，也会立马跳闸，复位按钮仍然没有突出。这很可能是电器内部短路了。

电闸里有一个过欠压断路器。入户电压过高或过低，电器容易烧毁，电闸会自动跳闸。此时，过欠压断路器上的指示灯会亮起，复位按钮突出。

除此之外，还有一种比较常见的跳闸形式。在家庭电路中，任何一条线路漏电或者电器漏电，哪怕线路只是有一丁点儿破损，漏电保护开关按钮也会立刻跳闸。

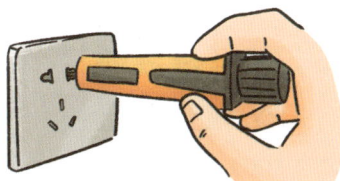

12

灯泡的亮度为什么不一样

自来水厂用水泵推动水产生压力差，通过水管把水输送进千家万户，这犹如用水泵将水槽甲中的水抽送到水槽乙里。

A 处 的 水 位 比 B 处 高，于是 A、B 之间形成了水压。

水管中的水由 A 处向 B 处流动，从而推动水泵旋转。

水位差有高有低，水才能流动起来。水位差一旦消失，水流就会停止。

⚡ 电压助电流一臂之力

电也是如此。由于电流中高电位和低电位的存在，形成了电位差，因此电子在导线中流动。

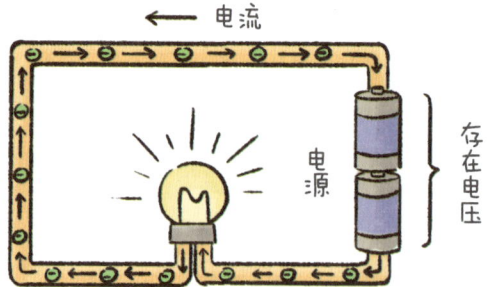

在电路中，任意两点之间的电位差被称为"两点间的电压"。电压用符号"U"表示。

电位有高有低时，电流开始流动。电位差一旦消失，电流也会停止流动。

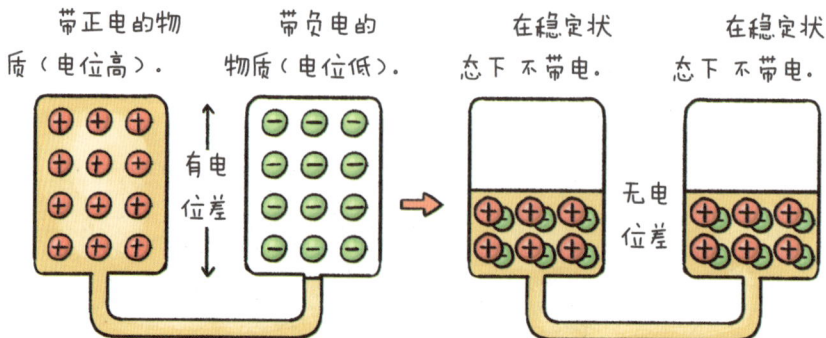

继续实验，如果电路先后接入 1 节和 2 节干电池，小灯泡会一样亮吗？

电路中用 1 节干电池时，灯泡较暗。

电路中用 2 节干电池时，灯泡较亮。

【实验结论】电路中电流的强弱与电源有关，电源就是为电器两端提供电压的。

⚡ 电压可大可小

电压在生活中并不少见，如正在电闪雷鸣的云层、家里用的照明电路、挂钟里的干电池、电动自行车里的蓄电池……它们的电压大小各不相同。

1 节干电池的电压约为 1.5 伏。

电灯电压约为 220 伏。

一个蓄电池的电压约为 2 伏。

电视机的电压约为 220 伏。

闪电的云层间电压可达 10³ 千伏。

电压有高低之分，常用"伏特"作单位。伏特，简称"伏"，用符号"V"表示。高电压可以用千伏（kV）表示，低电压可以用毫伏（mV）表示。

⚡ 水果也成了电池

酸甜可口的水果不仅可以为人体补充能量，还可以用来发电。准备 1 个大橙子，稍微挤压一下，再切开，然后将铜片和铝片分别插入橙子的两边，就可以惊奇地发现灯泡亮了。

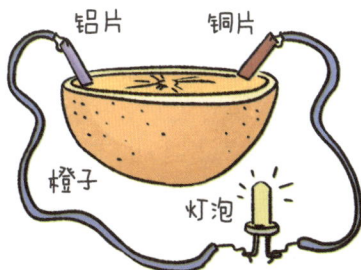

铝片　　铜片

橙子　　灯泡

13

电路上的拦路虎

博士还在不厌其烦地做着点亮灯泡的实验。只见他换掉了连接的导体线，你猜会发生什么样的变化？

铜丝接入电路时，电流较大，灯泡比较明亮。

镍 (niè) 铬合金丝接入电路时，电流较小，灯泡没那么明亮。

导体对电还有阻碍作用。阻碍电流的元件叫电阻。在相同电压下，铜丝对电流的阻碍比镍铬合金丝小，所以通过铜丝的电流更大，灯泡更亮。

⚡ 电阻从何而来

金属的特性不同，自由电子移动的方式也不同。自由电子在金属内移动，会撞到原子，移动速度会变慢，这样电阻就产生了。

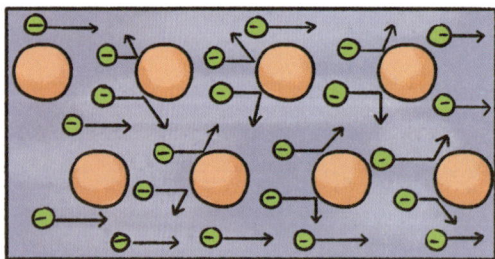

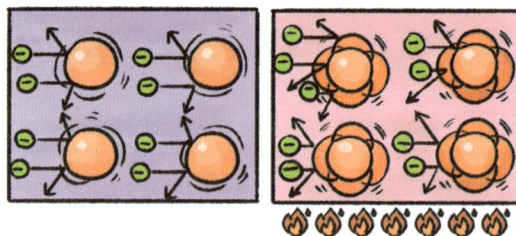

通电后，自由电子移动，撞击原子，原子产生振动，振动产生热，叫作"焦耳热"。温度升高，原子更容易与自由电子撞到一起。

物质的温度越高，原子振动越大，电阻变大。

电阻的单位是欧姆（Ω）。电压相同时电阻越小，通过的电流越大。不同金属的电阻也不同。

导体					绝缘体		
银	铜	金	铝	铁	橡胶	玻璃	聚乙烯
0.016 Ω	0.017 Ω	0.022 Ω	0.027 Ω	0.10 Ω	10^{16}~10^{21} Ω	10^{16}~10^{18} Ω	10^{20} Ω

⚡ 电阻器驾到

电子产品那么多，我们经常用到具有一定电阻值的元件——电阻器。

雷雨天气时，电器里的压敏电阻，对电压相当敏感，一般用于充电器、插座、家用电器等。它可以抑制出现异常过电压，保护电路免受过电压的损害。

酒精测试仪，装有酒精气体传感器，是一种气敏电阻，对特殊气体特别敏感。驾驶员呼出的酒精气体浓度越大，测试仪中电压表显示的数值就越大。

你知道还有哪些常用的电阻器？

碳膜电阻：大多用于早期的电子产品中，价格低廉。

金属电阻：稳定性好，不受高温、酸碱性强、盐雾多等外界环境影响。

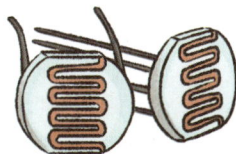

光敏电阻：阻值随着光的亮度而改变，自动照明灯、小夜灯常用到。

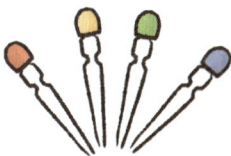

热敏电阻：温度升高，电阻值减小或增大，用于需要测量温度的产品。

湿敏电阻：检测环境湿度时用，阻值随环境湿度的变化而改变。

力敏电阻：阻值随机械力的大小而改变，主要用在压力传感器上。

14

给家中电器分类

自从千家万户通了电，电器的使用越来越普遍。翻出爷爷奶奶家的老式家用电器，再看看自己家那些多功能家用电器，发现它们之间最大的区别在于是否属于纯电阻电路。

通电情况下，只发热，电能全部转化为电热电阻的内热，并不对外做功的电路，叫作"纯电阻电路"，这样的电器叫作"纯电阻电路电器"。

非纯电阻电路，可以将一部分电能转化为内能或机械能等。电风扇除产生热能外，还可以让风扇的扇叶转动起来。

爸爸发现儿子偷看电视

上班出门前，爸爸嘱咐儿子写作业，不要看电视，并且带走了电视遥控器。

但是，儿子没忍住，还是打开了电视，而且忘记了时间，把作业遗忘在了书桌上。

爸爸回到家，儿子刚把电视关掉不久。爸爸用手摸了摸电视机的后盖，立即发现儿子在家偷看电视了。

儿子向爸爸承认了错误，但心中困惑不已：爸爸是如何知道他偷看电视了？

台灯亮了一段时间，灯泡是热的，灯罩也会跟着热起来，甚至有些烫手。

家用电器接通电源后，电流通过导体，将电能转化为内能。这种现象叫作"电流的热效应"。生活中能把电能转为内能的家用电器非常多。

电熨斗，爸爸妈妈大多都用过。一根导线和电熨斗串联，奇怪的是，使用电熨斗容易烫伤我们，但那根导线却并不会热得烫人。

电流通过导体时，电阻越大，电流越大，时间越长，电流做的功就越多，所产生的热量也就越多。

通过电视机的电流较大，机器内部发出的热量比较多。夏天天气热，看电视节目时间太久，电视机容易过热受损。

幸好，现在许多电器都安装了过热保护，如电热水壶，烧好水后会自动断电。

16

你家该交电费了

通上电，电流开始移动，在电力的作用下，电灯产生光和热。抬头看看家里的电灯，灯泡大小规格不一样，亮度也不一样。

每一个灯尾都会有一个数字，100、60、10等，后面还跟着一个英文字母W。这个数字就是这个灯泡的电功率，单位是瓦特，简称"瓦"，用"W"表示。

100瓦　60瓦　10瓦

电功率（W）	大 > 中 > 小
能转化成其他能量的速率	快 > 中 > 慢
明亮程度	非常亮　明亮 > 暗

电流做了多少功，就表示有多少电能发生了转化，这便是电功。电功的符号是"W"，国际单位是"焦耳"。

电流在单位时间内所做的功叫作"电功率"。电压一定时，电流越大，那么电功率也就越大。

我们来看看这台1000瓦的空调，使用30分钟所用的电量会是多少？ 1000瓦 × 1800秒 =864000焦耳 =0.24千瓦时。

怎么停电了呢？

日常生活中，每一件家用电器都会消耗电能，根据它们的电功率，就可以算出它们的电能消耗。

电功率乘以时间等于实际使用的电量，称为"电能"。电能的单位和发热量一样，都是焦耳（J）。

刚开没多久的空调莫名其妙地自己关闭了，竟然是因为家里的电费不足了，重新缴费后才能继续用电。用了多少电，就得相应地承担多少费用。电费与实际使用的电量有着必然的联系。

1秒内使用1瓦的电功叫作"1瓦秒"，1小时内使用1瓦的电功叫作"1瓦时"。

是不是该交电费了？

17

请节约用电

能量的单位是焦耳。生活中常用"度"表示电能的单位，瓦特是功率单位。1 度电等于 1 千瓦时。你知道 1 度电能做什么吗？

1 台功率为 250 瓦的吹风机，工作 1 小时所消耗的电量就是 0.25 千瓦时。

1 盏 25 瓦的电灯，消耗 1 千瓦时电可以为你点亮 40 小时。

寒冷的冬天，1 度电可让 60 瓦的电热毯运行约 17 小时，或者可以烧开 8 千克的水。

刷手机时，1 度电可以支撑路由器工作 10 天，还能给你的手机充满电 100 多次。

一个三口之家，家电齐全的情况下，平均 1 天耗电量大概是多少呢？

6 度电/天

⚡ 节约用电，你做到了吗

养成节约用电的好习惯，随手关灯，电器不用时拔掉电源。每 1 度电来之不易，所以我们要节约用电、合理用电。

及时淘汰耗电量大、使用时间较久的旧电器，安全省电。

手机、充电宝、电脑、平板等常用耗电物品，充满电后立即拔掉插头。

改用节能电灯，有助于减少照明用电。

合理使用空调，建议将空调调到 26 摄氏度。

选用节能热水器，同时设置定时开关机。

冰箱里不要塞得太满，负荷越大，费电越多。

⚡ 节电＝省钱

在家里，节约用电相当于省钱。1 个电视机机顶盒在待机状态下 1 天耗电 0.4 度，1 年就接近 150 度。每天及时关掉机顶盒的电源，可以节省一笔不小的费用。

18

啊！触电太可怕

人的身体也是导体，人体触及带电体，人体两端就会有电压，电流会通过人体与大地形成通路，人体内会有电流通过，致人触电。

⚡ 触电的滋味

电流大小不同，触电的感觉也会不一样。

手指有麻木感：
0.6~1.5毫安电流。

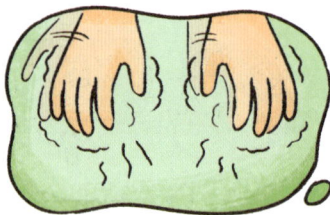

手指有明显麻木感：2~3毫安电流。

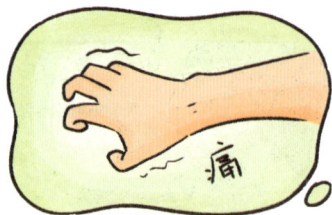

手指肌肉痉挛：
5~7毫安电流。

手指关节剧痛：
8~10毫安电流。

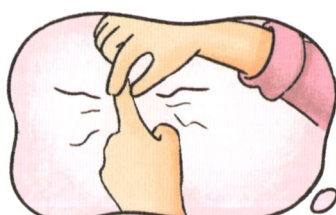

手剧痛，呼吸困难：20~25毫安电流。

呼吸困难，心脏开始震颤：50~80毫安电流。

触电给身体带来诸多不适，日常用电一定要小心谨慎。

⚡ 高压触电太可怕

高压电周围有着强大的电场，人靠得太近，容易产生电弧触电。

如果高压输电线掉落在地上，人经过这个区域时，两脚之间会产生相当高的电压。电流从一条腿流入，另一条腿流出，同样会使人触电。

安全电压是指不致人直接死亡或致残的电压，一般环境下安全电压不高于 36V。触电对人体的危害程度主要取决于通过人体电流的大小和通电时间的长短。电流的强度越大，致命的危险性就越大；持续的时间越长，死亡的可能性就越大。

容易引发触电的情况，你还知道哪些？

机壳没有接地

高压线下钓鱼

电视天线与电线接触

19

嗨，我叫磁体

磁体，即带有磁性的物体。它有一个特异功能，那就是吸引物体和排斥物体。吸引物体时，就会把物体拉近；排斥物体时，就会把物体推得远远的。

大家好，我是磁体，也叫"吸铁石"。

磁体对谁有反应

并不是所有东西都能被磁体吸引。我们可以试一试用磁体吸引木头、塑料、玻璃、橡胶、银等物体。小朋友们，你的结论是什么？

木头、塑料、玻璃、橡胶……都没有磁性，所以磁体对它们毫无反应。

有些金属，如铁、镍，才具有磁性。吸铁石只有和具有磁性的物体在一起时，它们才会牢牢地吸引在一起。

🧲 百变磁体

磁体有不同的形状，有些是长方形的，被称为"条形磁铁"；有些像字母 U 或马蹄形，被称为"马蹄形磁体"；有些甚至像一个大圆环，被称为"环形磁体"。

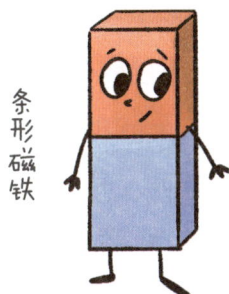

条形磁铁　　　马蹄形磁体　　　环形磁体

🧲 磁性到底有多大

磁体的磁性有大小之分。

冰箱贴上的磁体磁性很弱，我们可以轻易地取下它们。

有些磁体的磁性非常强大，足以举起 1 辆大卡车。

距离也会影响磁体的吸引力。磁体一般只会吸引相对较近的物体，离得太远，它的吸引力也会变弱。

20

看不见、摸不着的磁场

把磁针拿到一个磁体附近，它会发生偏转。磁针和磁体并没有接触，怎么会产生力的作用呢？原来磁体周围存在一种物质，能使磁针偏转。

这种物质看不见、摸不着，被称为"磁场"。磁场范围内都有磁力，磁体两端附近的磁场最强。

靠近你还是推开你

磁体的两端极性正好相反，它们分别被称为"北极"和"南极"。在条形磁体、马蹄形磁体的两端各有 1 个磁极。

如果把 2 个磁体放在一起，不同的磁极会相互吸引，一块磁体的北极吸引另一块磁体的南极。

如果你把磁体切成两半，每 1 小块仍然有 2 个磁极。

2 个相同的磁极很难接触，因为它们之间会互相排斥，会互相推开对方！

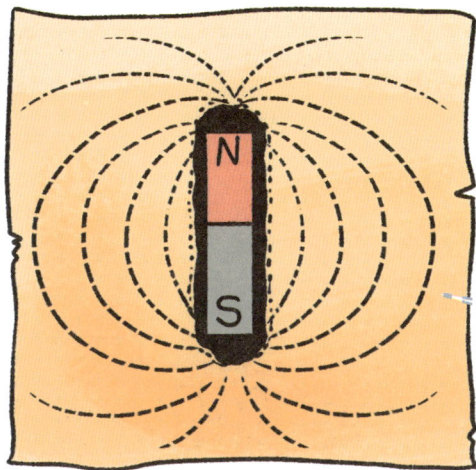

把 1 块条形磁体放在 1 张白纸上，然后找一些铁屑，撒在磁铁的周围。你会发现什么？铁屑形成了一条条曲线。磁体两端附近的线更紧密。

形成的这些曲线代表着磁场的分布。

不同形状的磁体,磁场分布是否一样？我们在不同形状的磁体周围放置一些小磁针，看看小磁针 N 极的指向吧。不论磁体形状如何，磁体外部的曲线都会从磁体 N 极出发，回到 S 极，磁场分布基本相同。

我是条形磁体 我周围放了好多小磁针。

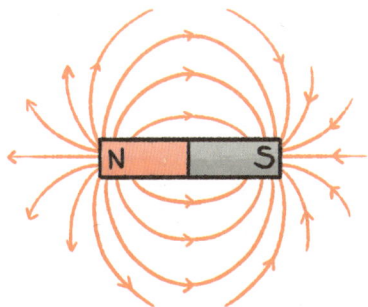

我是马蹄形磁体 我的周围也放了一堆铁屑。

21

谁被磁化了

将别针放在磁体上，再向同一个方向摩擦大概48次，别针就会变成磁铁，可以吸住其他别针。

用磁体朝同一个方向摩擦一块钢或铁，磁性粒子的两极开始排列，摩擦了大约1分钟，所有的磁性粒子两极都整齐地排成一行。

摩擦！

这个铁砧是由磁性粒子组成的，如果1个大磁体靠近它，磁场会使铁砧上的磁性粒子朝同一个方向排列。铁砧变成了临时磁体。

过了一段时间，两极又开始指向不同方向了。

用磁体摩擦铁或钢，促使它们被磁化，所有铁或钢的两极都整齐排队，但这样的磁化效果是短暂的。

磁化，是一个使原本不具备磁性的物质获得磁性的过程。一些物体在磁体或电流的帮助下就会显现磁性。

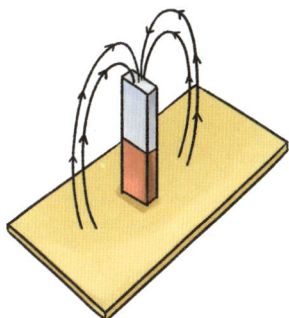

在磁体的南极或北极，沿物体同一个方向摩擦数次，磁化暂时产生。

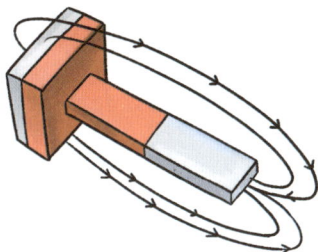

使物体与磁体吸引，一段时间后物体会暂时获得磁性。

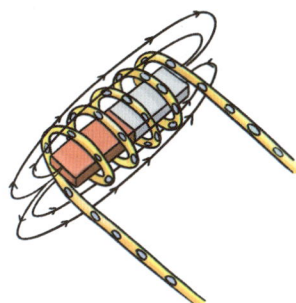

在物体上绕上绝缘导体，通入电流，经过一段时间后取下，物体就可以获得磁性。

不是所有的材料都可以被磁化，只有少数金属及金属化合物才可以被磁化。

银行卡后面的黑色条形带，就是利用磁性记号输入信息的。一旦将它长时间靠近磁体，发生磁化，其中记录的信息可能就消失了。

22

地球是块大"磁体"

对于磁的运用，我们最熟悉的就是指南针了。指南针就像1块表，里面装有1根磁针，磁针通常一头是红色，另一头是其他颜色。而红色的一头总是指向北方。

如果你走进森林里，迷路了，你会用随身携带的指南针，找到回家的路吗？

1. 把指南针平放，周围不要有磁场干扰。
2. 待指针摆动停止后，看指针，如果标有N和S，那么N是北、S是南。

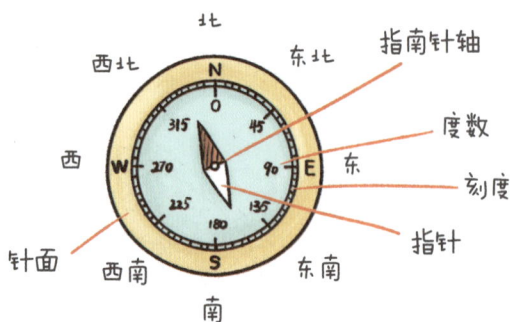

🧲 指南针为何不叫指北针

指南针的一头总是指向北方，我们为什么习惯叫它指南针而不是指北针呢？

原来，古人辨别北方总是习惯依靠北极星，而且中国古代皇帝以南为尊，皇位宝座都是坐北朝南的，指示方向自然也就以南为主了。

⊔ 指南针如何指南

我们生活的地球内部有一个巨大的磁场，叫作"地磁场"。地磁场的南北两头有不同的磁极，靠近北极的磁性为"S极"，靠近南极的磁性为"N极"。因为天然磁石与地磁场相互吸引，所以不管在地球的什么位置，放置一块磁石或磁针，它的N极始终指向地磁场的南极（地理北极附近），它的S极始终指向地磁场的北极（地理南极附近）。

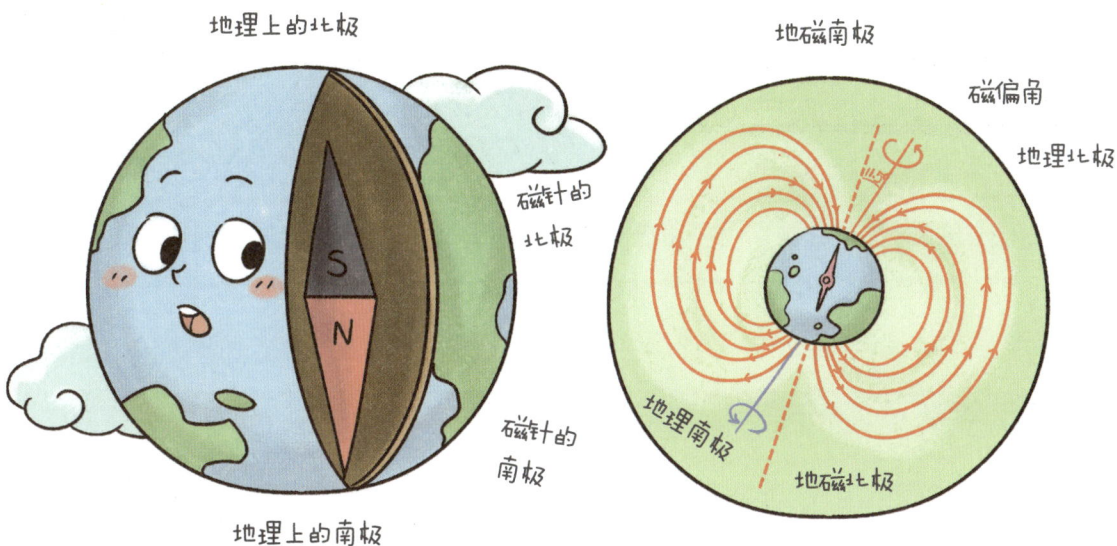

⊔ 动物自带"指南针"

人类会用指南针辨认方向，许多动物也会使用"指南针"，甚至自带"指南针"。例如，大雁、燕子、海龟、北极燕鸥等，它们也需要辨认方向，才可以顺利地进行迁徙。

穿越指南针的前世

战国时期，"司南"就是最早的指南针，是古代劳动人民在长期的实践中对物体磁性认识的发明。用手转动勺柄，当勺子停下来时，勺柄一端总是指向南方。

从宋代开始，指南针被广泛应用在航海上，并于12世纪开始先后传到阿拉伯、欧洲。无论是郑和下西洋，还是哥伦布航行、麦哲伦环球航行，都离不开"海上救星"——指南针。

宋代辨认方向的方法五花八门。北宋一位著名的科学家沈括，曾经记录了四种指南针的用法。

1. 磁针横着插进灯芯里，浮在水面上，指示南北。

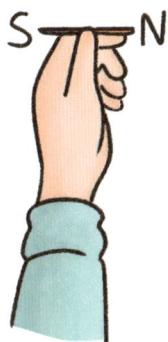

2. 把磁针放在光滑的手指上，指示方向。

3. 把磁针放在光滑的碗口上，辨别方向。

4. 在磁针中间涂上蜡，系上一根线，指示方位。

这个罗盘不需要水，也叫"旱罗盘""罗经盘"。它由木头刻成，大多为圆形，刻有方位，与安置在盘中央的磁针配合使用。

23

电流周围也有磁场

丹麦的一位物理学家，在一次课堂上，将导线通电。结果惊喜地发现：下方的磁针发生了偏转。没错！电流周围同样存在磁场，使磁针转动。

电流产生的磁场和磁体的磁场一样吗？导线通电后，导线周围会形成圆形的磁场，被称为"磁效应"。

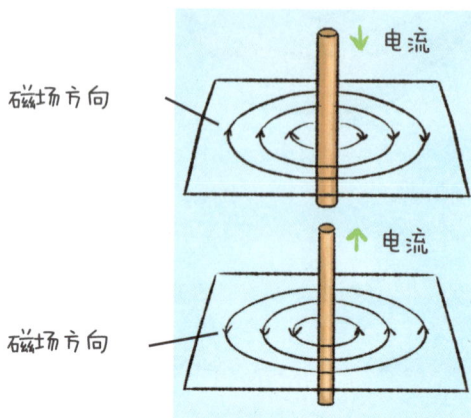

电能生磁，可是为什么手电筒在通电时连一根大头针都吸不动呢？

如果把导线绕在圆筒上，做成线圈，各圈导线产生的磁场叠加在一起，磁场变强，那么就可以吸动大头针了。

我的磁场太弱，吸不动大头针。

我是螺线管，我可以帮你。

线圈的磁场是怎么样的呢？

磁场电方向

电流

我是单匝线圈，通电后我的磁场方向向内旋转。

我是螺旋形线圈，通电后，磁场会集中到一起，磁力变强。线圈圈数越多，磁力越强。线圈越粗，磁力越强。

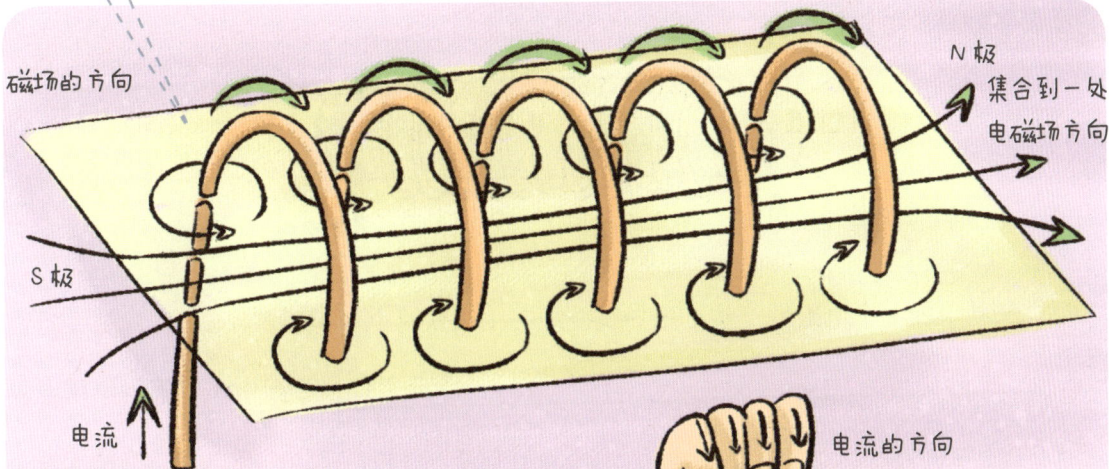

磁场的方向

N 极
集合到一处
电磁场方向

S 极

电流

如果把电流方向看成四指所指的方向，那么磁场的方向就是大拇指所指的方向。

电流的方向

磁场的方向

你能用手指的关系来描述通电螺线管的电流方向与 N 极位置的关系吗?

如果我顺着电流方向绕螺旋线管爬行，那么 N 极就在我的右边。

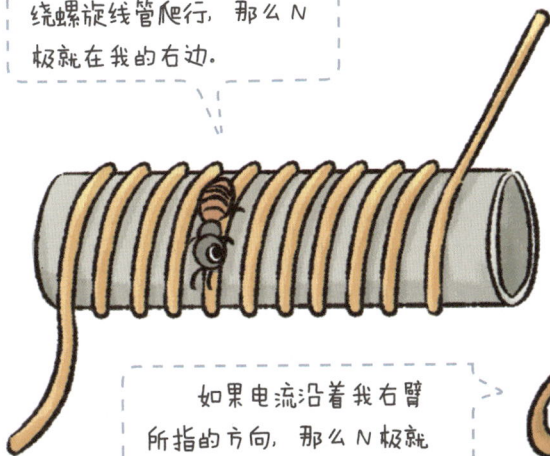

如果电流沿着我右臂所指的方向，那么 N 极就在我的前方。

24

在轨道上悬浮行驶的列车

将1根导线绕成螺线管,再在螺线管内插入铁芯,通电时带有磁性,断电后失去磁性。它的名字就是"电磁铁"。

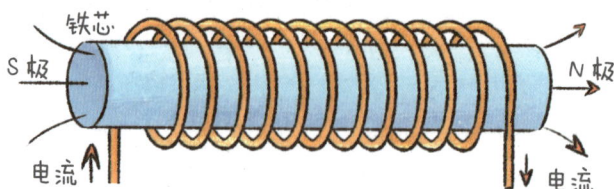

铁芯
S极
N极
电流
电流

自己动手做1个电磁铁:将1根导线缠绕在1根铁钉上,包裹严实。

线圈匝数固定时,通入的电流越大,电磁铁的磁性就越强。电流固定不变时,外形相同的螺线管匝数越多,电磁铁的磁性就越强。

除此之外,生活中还有不少家用电器也会用到电磁铁。你知道有哪些吗?

感应式冲水器
电铃
冰箱
吸尘器
洗衣机

强大的电磁铁可以吸起大型物体。人们设计的电磁起重机,就可以吊起数吨重的汽车。将电磁铁安装在吊车上,通电后吸起汽车不让它掉下来。移动到另一个位置后,将汽车放下,然后切断电流。

你坐过磁悬浮列车吗？它用到的便是通有强大电流的电磁铁。

环绕式下摆　驾驶室　发射器　客舱　客舱门　混凝土柱子　发射器　驾驶室

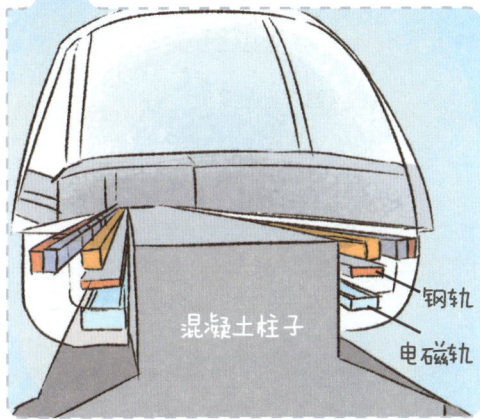

混凝土柱子　钢轨　电磁轨

电磁铁　永磁体

吸引　排斥

列车车厢与铁轨上分别安放着磁体，磁极相对。

磁极相互作用下，列车可以在铁轨上方数厘米的高度上飞驰，提高了列车的行驶速度。

25

一根飘浮旋转的导线

1根导线通过磁铁的磁场，通上电，电流产生的磁场和磁铁的磁场相互影响，会产生一股力量，使物体移动。这种力量就被称为"电磁力"。

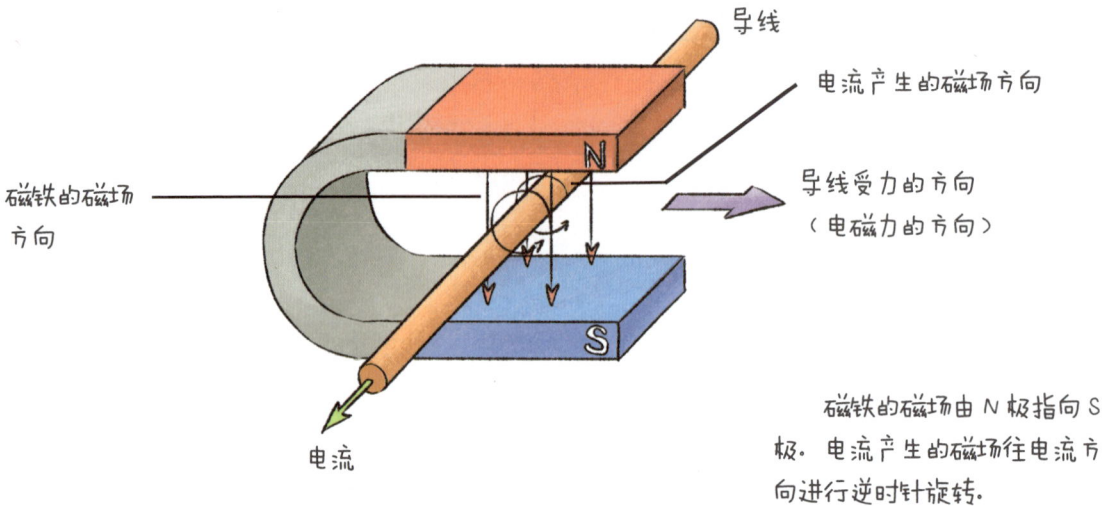

导线

电流产生的磁场方向

导线受力的方向
（电磁力的方向）

磁铁的磁场
方向

电流

磁铁的磁场由N极指向S极。电流产生的磁场往电流方向进行逆时针旋转。

在导线的左边，双方磁场方向一致，磁力增强。导线的右边呢？磁场的方向相反，磁力变弱。为了保持磁力左右均等，导线会产生一股向右移动的力量。

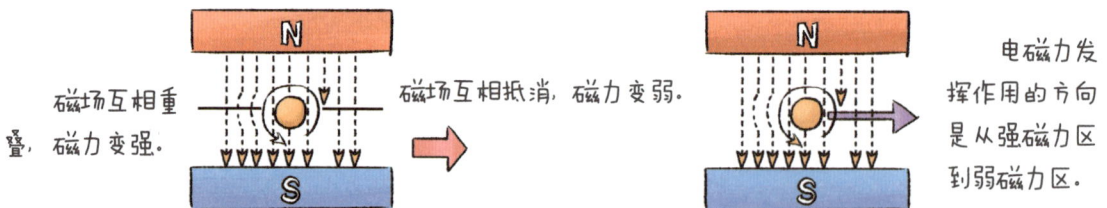

磁场互相重叠，磁力变强。

磁场互相抵消，磁力变弱。

电磁力发挥作用的方向是从强磁力区到弱磁力区。

在磁场和力的作用下也可以产生电流吗？将闭合回路的部分导线放在磁铁的磁场中，移动这根导线切割磁力线时，便会产生电流。

导线靠近后，磁力线的间隔变小，磁场变强。

导线远离后，磁力线的间隔变大，磁场变弱。

将导线推回原处时就产生了电流。

电动机是用来给搅拌机、风扇、吸尘器提供动力的机器设备，是一种将电能转化为机械能的设备。

和发电机一样，电动机也由磁铁和线圈组成，当电流通过一组金属线圈后，会形成磁场，磁场的相互作用迫使通电线圈转动。

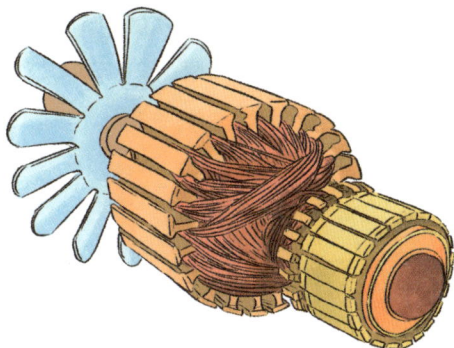

我们去电动机的内部看看吧！

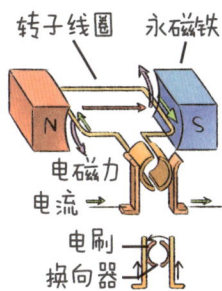

1. 通电后，转子线圈形成磁场，永磁铁的磁场和转子线圈的磁场相互作用，转子线圈产生电磁力。

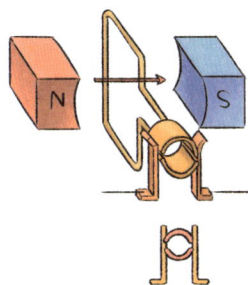

2. 电流无法通过换向器不导电的部分，转子线圈的电磁力会消失，但惯性让转子线圈继续旋转。

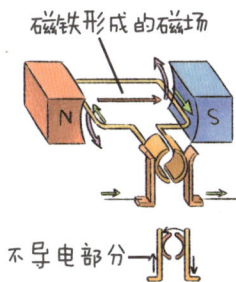

3. 通过换向器不导电的部分，由于电流的流入，转子线圈处产生电磁力，转子线圈转动。

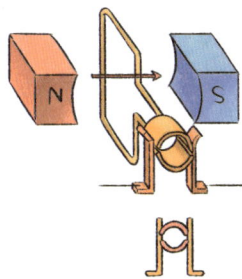

4. 换向器不导电的部分和电刷接触，转子线圈的电磁力会消失，转子线圈因为惯性继续旋转。

26

电磁波长什么样

> 嘿嘿，我是电磁波，你看不见也摸不着。

打开收音机，听到的声音来自电磁波。打开电视机，听到的声音、看到的图像，同样来自电磁波。移动电话传递信息，依靠的还是电磁波。

我们对电磁波其实并不陌生，它和水波、声波一样平常。

木棍在水面上振动，产生水波。

说话时声带振动，在空气中形成声波。

电视台的电视塔依靠复杂的电子线路，产生电流，发出电磁波。

看水波起起伏伏

在水波的传播过程中，凸起的最高处，叫作"波峰"，凹下的最低处，叫作"波谷"。邻近2个波峰或波谷的距离，叫作"波长"。水波不停地向远处传播，肯定有快慢之分，水波传播的快慢被称为"波速"。

> 电磁波也有自己的波长和波速，甚至还有频率。

月球上的通信

把移动电话放入真空罩中，可以收到罩外传给它的电磁波。电磁波在真空中可以传播。

月球上没有空气，声音无法在月球上传播。但是电磁波可以在真空中传播，所以宇航员在月球上可以通过电磁波来通信。

电磁波海洋

电磁波是个大家族，通常用于广播、电视和电话的，叫作"无线电波"。我们生活在电磁波的海洋中。

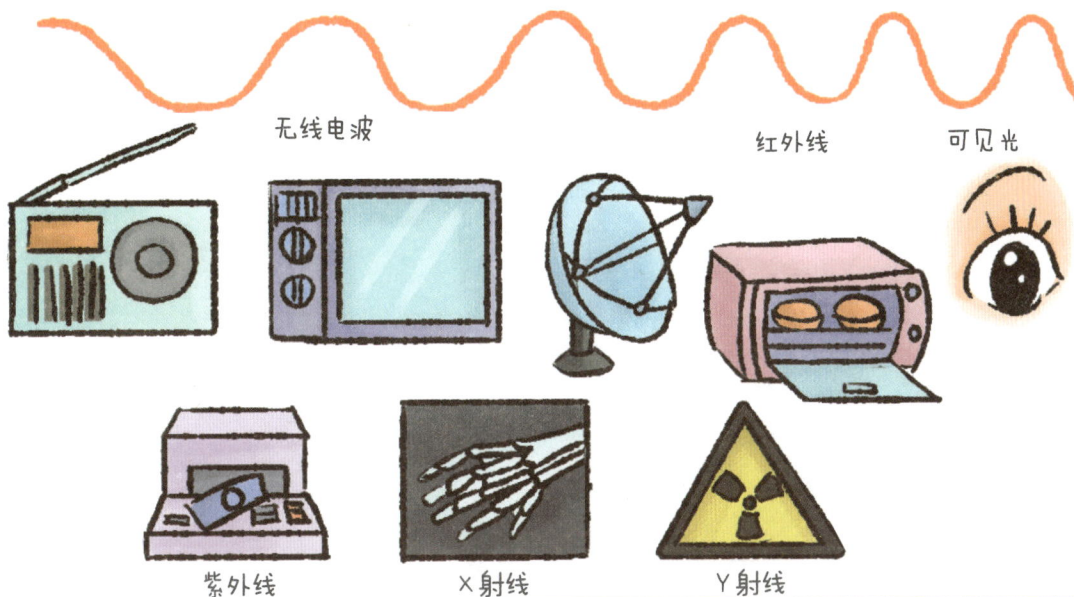

无线电波

红外线

可见光

紫外线

X射线

Y射线

电磁波频率的单位是赫兹，通常电磁波的频率都很高，常用单位还有千赫、兆赫。

27

利用电磁波干点儿什么

顺风耳，一个神话传说里的神仙。在现代，我们的生活中有了一个真正的"顺风耳"——电话。

电话，由话筒、听筒和电话线组成。话筒把声音转化成电流，电流沿着导线传递信息。另一端，电流使听筒的膜片振动，携带信息的电流将其转化成声音。

话筒里，有 1 个装着炭粒的小盒子。当你对着话筒讲话，声音振动，膜片时紧时松，压迫着炭粒，其中的电阻发生改变，流过炭粒的电流也改变了，形成电流信号。

电磁铁　膜片

听筒

膜片

炭粒

话筒

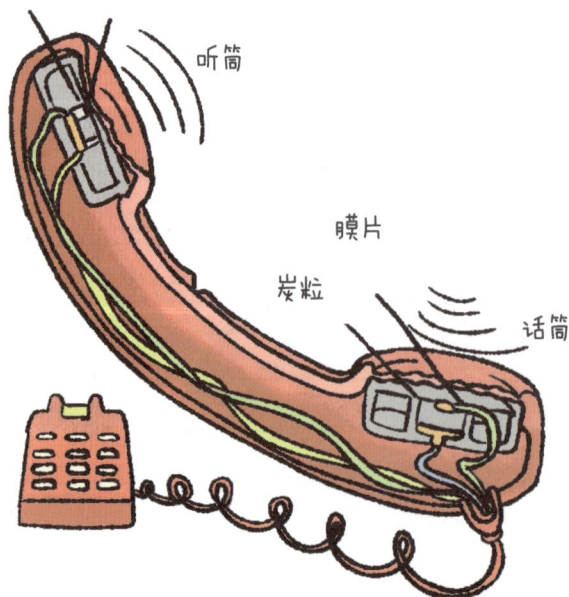

听筒内有 1 个电磁铁，电磁铁吸引 1 块薄铁膜片。

线圈中电流不断改变，电磁铁对膜片的作用也不断改变，膜片振动，在空气中形成声波。于是，我们能够听见对方声音。

电磁波，除了通信，还可以用于加热食物。

微波炉启动以后，微波能向各个方向的反射，从而加热食物。

微波炉的外盒是金属壳，炉门的玻璃上有金属屏蔽，可以减少电磁波的泄漏，保护人体不会被过量的微波伤害。

风扇

波导管

磁控管

屏蔽网

门

控制面板

食物的分子在微波作用下，剧烈振动，内能增加，温度稳定升高。

食物中的水分子比其他分子都容易吸收微波的能量，所以水分含量高的食物在微波炉里温度上升更快。

不能使用金属容器，会损坏微波炉。

28

未来的电磁科技

当今中国已经进入了飞速发展的信息时代。信息理论表明，作为载体的电磁波，频率越高，相同时间内所能传输的信息就越多。那么未来，我们的信息之路又会怎样呢？

微波通信

微波通信已经成为国家通信的主要手段，其不仅可以保证通信质量，还可以进行远距离的精准传输。

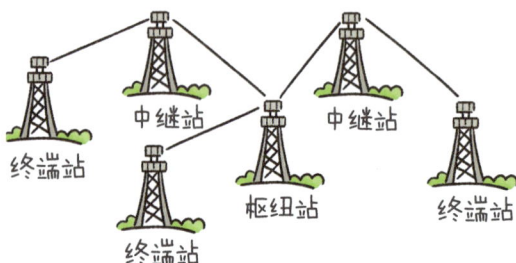

终端站　中继站　中继站　终端站　枢纽站　终端站

卫星通信

用人造地球卫星作为中继站来转发无线电波，实现 2 个或多个地球站之间的通信。在面对抗震救灾或国际海底光缆故障时，卫星通信非常重要。

飞行器　激光通信　行云卫星

光纤通信

中国现代通信网络架构主要包括核心网、城域网、接入网、蜂窝网、局域网、数据中心网络与卫星网络等。不同网络之间的连接都可由光纤通信技术完成，发挥着"主干道"的作用。

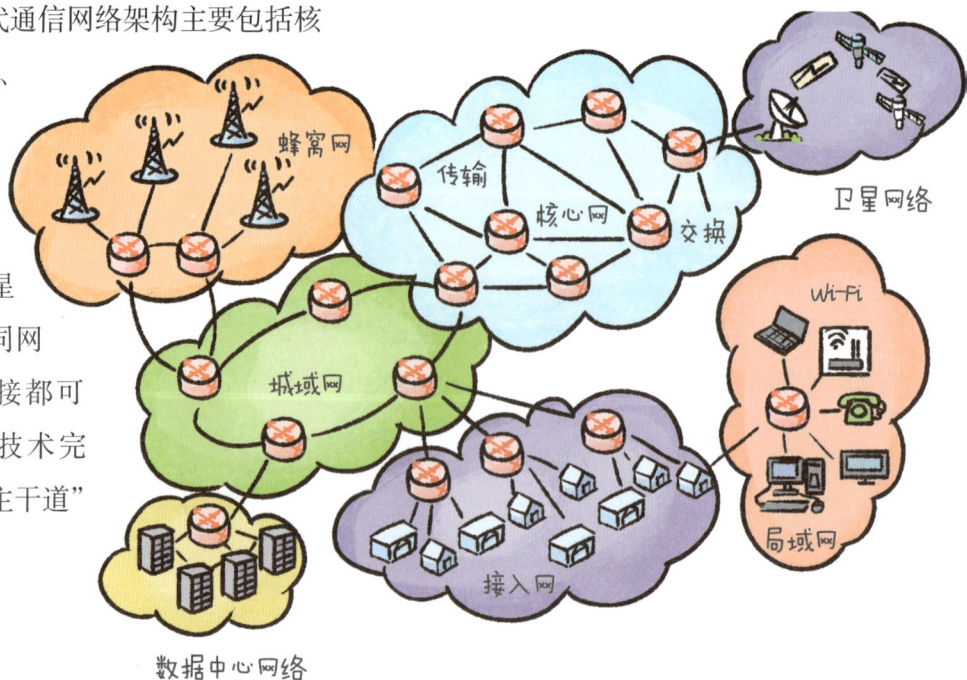

蜂窝网　传输　核心网　交换　卫星网络　Wi-Fi　城域网　接入网　局域网　数据中心网络

物理这么容易

声与光

李　楠◎编著

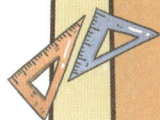

吉林科学技术出版社

图书在版编目（CIP）数据

物理这么容易 / 李楠编著 . -- 长春 : 吉林科学技术出版社 , 2023.10

（写给小学生的科学知识系列 / 吴鹏主编）

ISBN 978-7-5578-9836-6

Ⅰ . ①物… Ⅱ . ①李… Ⅲ . ①物理学—少儿读物 Ⅳ . ① O4-49

中国版本图书馆 CIP 数据核字 (2022) 第 182085 号

写给小学生的科学知识系列

物理这么容易

WULI ZHEME RONGYI

编　著	李　楠
策 划 人	张晶昱
出 版 人	宛　霞
责任编辑	李万良
助理编辑	宿迪超　周　禹　郭劲松　徐海韬
封面设计	长春美印图文设计有限公司
美术设计	黄雪军
制　版	上品励合 (北京) 文化传播有限公司
幅面尺寸	170 mm × 240 mm
开　本	16
字　数	150 千字
印　张	12
页　数	192
印　数	1-6000 册
版　次	2023 年 10 月第 1 版
印　次	2023 年 10 月第 1 次印刷

出　版	吉林科学技术出版社
发　行	吉林科学技术出版社
社　址	长春市福祉大路 5788 号出版大厦 A 座
邮　编	130118

发行部电话 / 传真　0431-81629529　81629530　81629531
　　　　　　　　　　　　81629532　81629533　81629534

储运部电话　0431-86059116

编辑部电话　0431-81629378

印　刷　长春百花彩印有限公司

书　号　ISBN 978-7-5578-9836-6

定　价　90.00 元

目 录

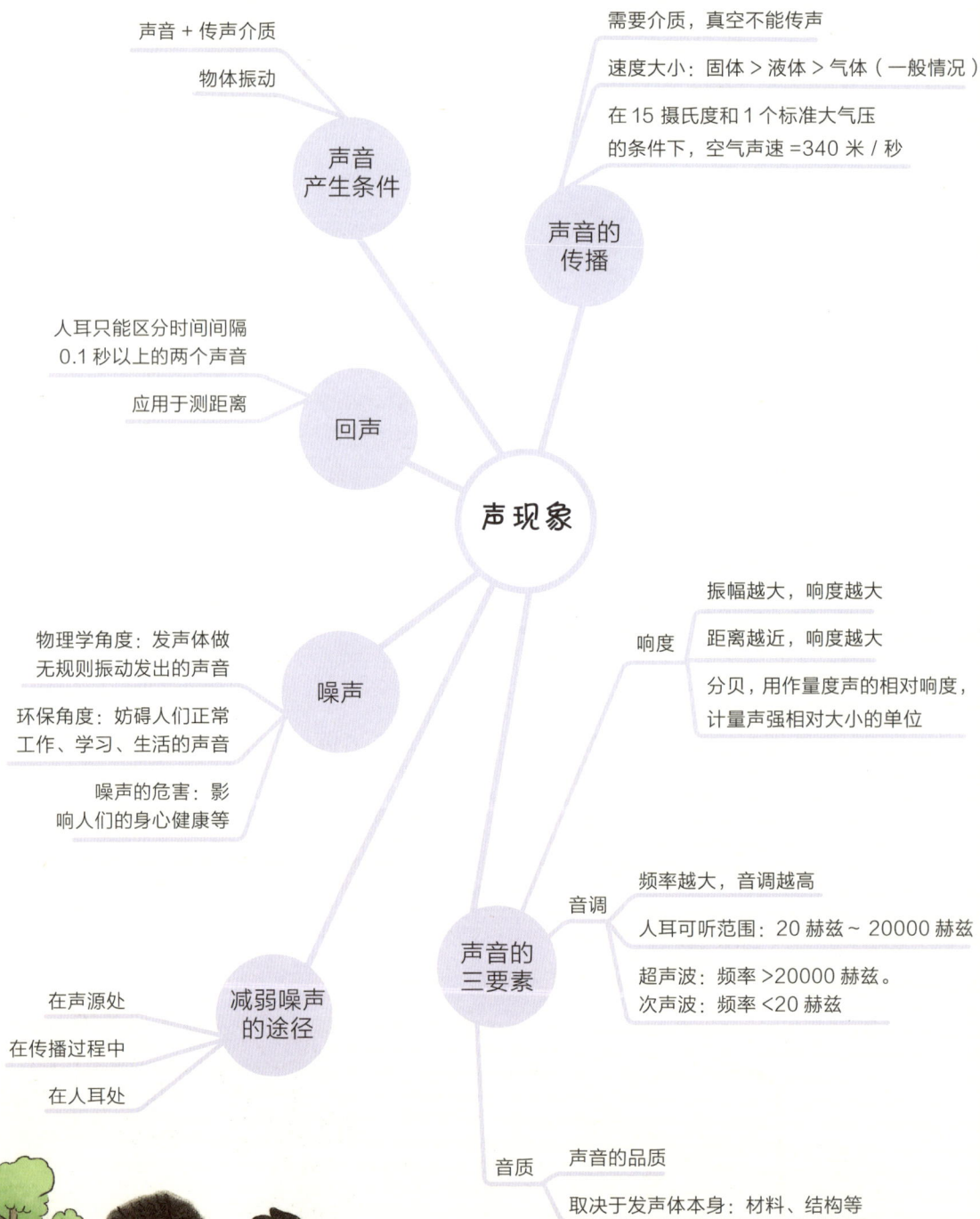

声音 + 传声介质

物体振动

声音产生条件

需要介质，真空不能传声

速度大小：固体 > 液体 > 气体（一般情况）

在 15 摄氏度和 1 个标准大气压的条件下，空气声速 = 340 米 / 秒

声音的传播

人耳只能区分时间间隔 0.1 秒以上的两个声音

应用于测距离

回声

声现象

物理学角度：发声体做无规则振动发出的声音

环保角度：妨碍人们正常工作、学习、生活的声音

噪声的危害：影响人们的身心健康等

噪声

振幅越大，响度越大

距离越近，响度越大

分贝，用作量度声的相对响度，计量声强相对大小的单位

响度

在声源处

在传播过程中

在人耳处

减弱噪声的途径

频率越大，音调越高

人耳可听范围：20 赫兹 ~ 20000 赫兹

超声波：频率 >20000 赫兹。次声波：频率 <20 赫兹

音调

声音的三要素

声音的品质

取决于发声体本身：材料、结构等

音质

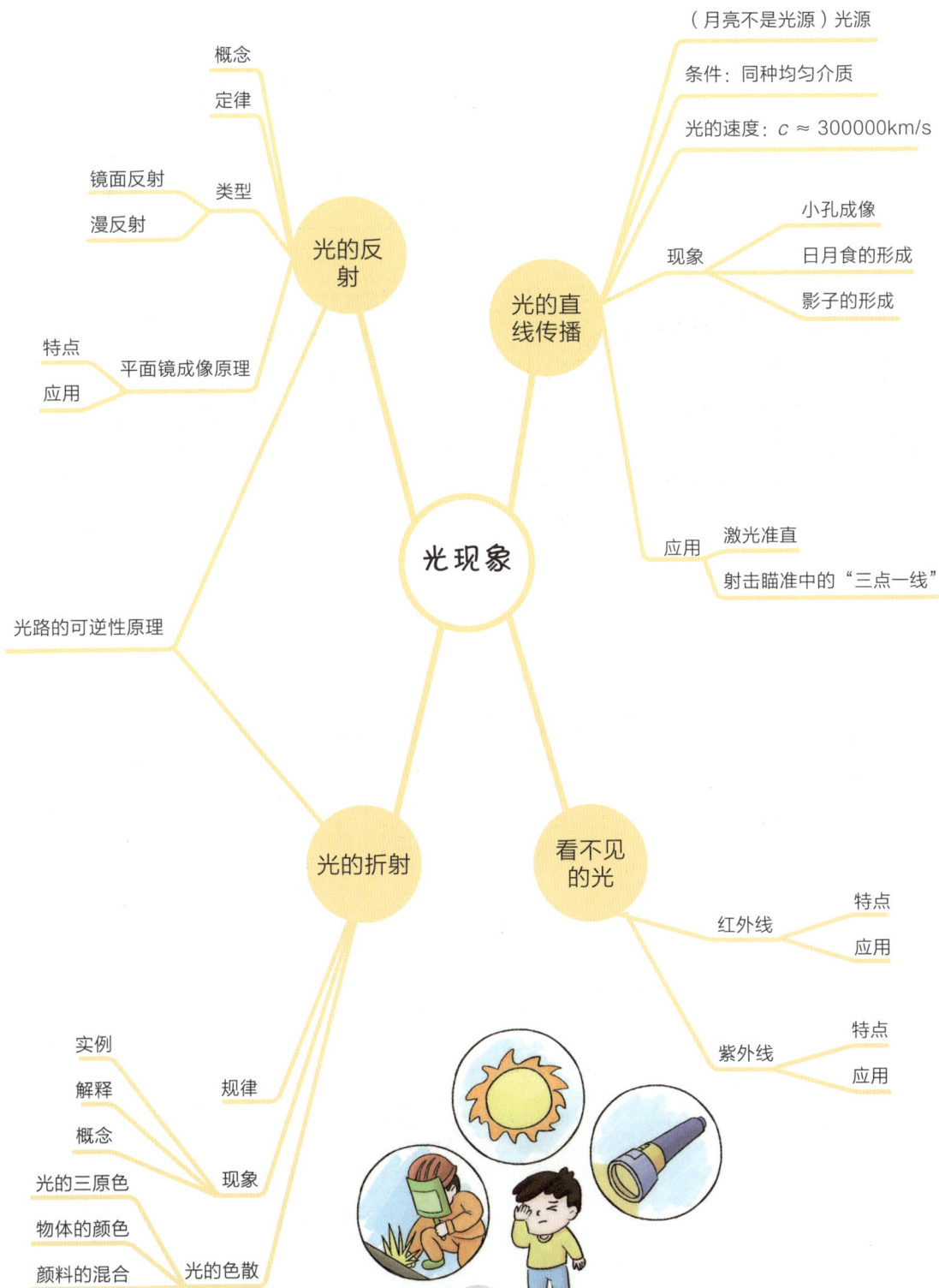

概念

定律

类型 — 镜面反射 / 漫反射

光的反射

特点 — 平面镜成像原理

应用

光路的可逆性原理

（月亮不是光源）光源

条件：同种均匀介质

光的速度：$c \approx 300000km/s$

光的直线传播

现象 — 小孔成像 / 日月食的形成 / 影子的形成

应用 — 激光准直 / 射击瞄准中的"三点一线"

光现象

光的折射

实例

解释

概念

规律

现象

光的三原色

物体的颜色

颜料的混合 — 光的色散

看不见的光

红外线 — 特点 / 应用

紫外线 — 特点 / 应用

01

什么是声音

竖起你的耳朵，仔细聆听，周围是不是充斥着各种各样的声音？

家里的小猫"喵喵"地叫，闹钟"丁零零"地响，烧水壶"咕嘟咕嘟"地响，爸爸和妈妈的说话声，洗衣机工作时的轰隆声……

大街上，树上的小鸟"叽叽喳喳"地叫，小狗"汪汪汪"地叫，自行车"叮叮当当"地响，汽车喇叭"滴滴"地响，救护车的鸣笛声……

你知道吗？我们的身体也能发出很多声音。

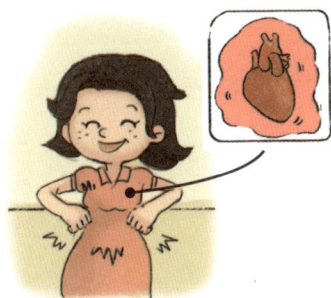

随着音乐节拍，跳一跳，心脏"怦怦"地跳。

肚子饿得"叽里咕噜"地叫。

吃饼干时发出的"窸窣"声。

今天的天气不太好，北风"呼呼"地刮不停，树叶"沙沙"地响，让人焦躁不安，滂沱大雨"哗啦哗啦"地从天上掉下来，雷声"轰隆隆"的。

什么是声音呢？声音可不仅仅是耳朵听见的动静。在科学家的世界里，一切发声的物体都可以被叫作"声源"。当声源发生振动时，就产生了声波，一些声波可被人的听觉器官感知，这就是人耳听见的声音；而其他不能被人感知的声波，也属于声音。

想一想，生活中还有哪些声音呢？

02

我们怎样听到声音

听，树叶、蟋蟀、吉他……我们身边的东西在"诉说"着什么？这些各种各样的声音都是怎么产生的？

◀)) 寻找声源

让我们一起去找找发出声音的东西，也就是科学家们所说的声源是怎么产生的吧。

拨动橡皮筋，橡皮筋振动，发出响声。橡皮筋停止振动，响声消失。

用手摸喉结，说话时喉结里的声带产生振动。不说时，喉结里没有动静。

把手放在正在唱歌的音响上，双手明显感觉到振动。

只有公蟋蟀能发出叫声。它们靠什么发声呢？

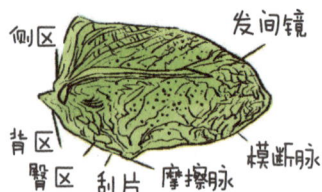

它的前翅有漩涡纹路的翅膜，一边翅膀长着刀状的翅膜，另一边翅膀长着较硬的翅膜。这两个翅膜相互摩擦产生振动时，就能发出声音。

> 声音是由物体振动产生的，正在发声的物体叫作声源。

大家好，我是唱片机。我可是最早记录和保存声音的工具哦！

我身上有一圈圈不规则的沟槽，当唱片转动时，唱针随着划过的沟槽振动，就会把记录下来的声音重新"唱"出来。

如果将发声体的振动记录下来，让物体按照记录下来的振动规律重新发生振动，就会发出和之前一样的声音。

我们是技术进步之后，记录并保存声音的工具哦！那么，我们是怎么发出声音的呢？小朋友们可得好好想想哟！

🔊 声音传入耳朵里

外界传来的声音，引起鼓膜振动。这种振动产生的信号经过听小骨及其他组织传给听觉神经，听觉神经把信号传给大脑，人们才能听到声音哦！

在声音传入耳朵的过程中，耳朵的任何部位都不能发生问题。一旦有任何闪失，比如鼓膜、听小骨或听觉神经受损，听觉都会受到影响。

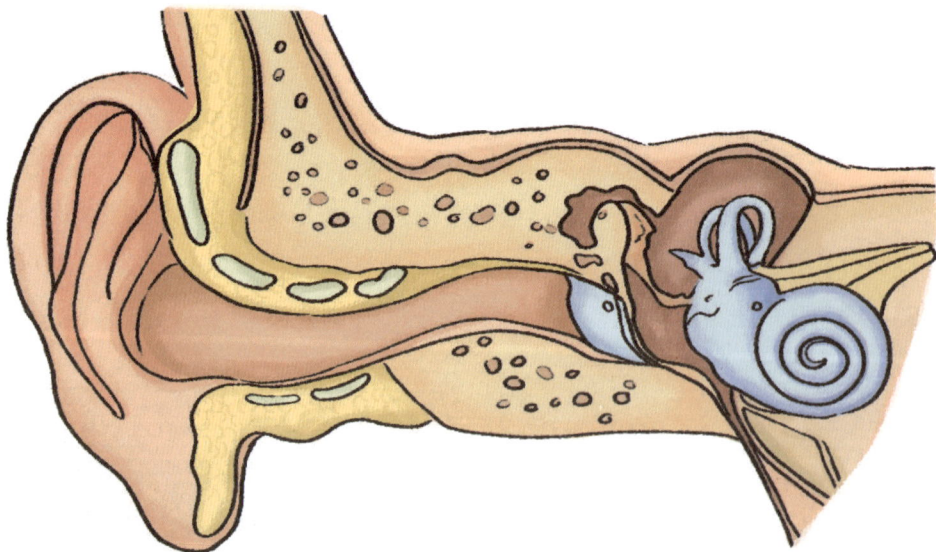

【小知识】
人为什么有两只耳朵

用两只耳朵听比一只耳朵收集到的音量大，可以听得更加清楚。用两只耳朵听，可以辨别声音是从哪个方向传来的。

声音靠什么"前进"

声音从声源发出，经过一段路程，才能钻进人们的耳朵，大脑开始接收信号，迅速解读这个信号，从而听见声音。在这段路程中，声音是如何"行进"的呢？

🔊 那些可以传播声音的固体

小明正在用很小的力气敲击桌子，其他同学都听不清。而他的同桌小华将一只耳朵紧贴在桌面上，居然听见了敲击桌子的声音。原来，固体可以传播声音。

我们吃饼干、刷牙、梳头发出的声音是怎么传到大脑的呢？原来，声音通过头骨、颌骨也能传到听觉神经，引起听觉。这就是著名的"骨传导"。

音乐家贝多芬在 26 岁时，双耳失聪，但他十分喜欢创作音乐，坚持用牙咬住木棒的一端，另一端顶在钢琴上听自己的琴声，继续音乐创作。

后来，人们利用骨传导原理，还发明了助听器、耳机等。

🔊 声音被空气带入耳朵

人类已经可以登上月球了，但有人说行走在月球上是非常寂寞的，即使一块巨大的陨石砸到月球表面的岩石上，也听不到一点儿声响。

太空没有空气，哪怕离得再近，航天员都得借助无线电才能正常交谈。

王老师站在讲台上讲课，讲台下的同学们正在认真地听老师讲课的声音。原来，老师发出的声音通过空气传播，进入每一位同学的耳朵。

当我们敲动音叉时，就产生了振动。那一圈一圈水中涟漪似的波纹就是声波，不过声波无法被我们看见。

物体振动，带动周围的空气振动，形成了疏密相间的波动，向远处传去，进入人的耳朵。

🔊 水里仍有声响

池塘里，鱼儿如果听到岸边有动静，就会被吓跑了。原来，声音会通过水传到鱼儿的耳朵里。

花样游泳运动员在水下能随着音乐起舞，她们是怎么听到声音的？原来，音乐能通过水传到她们的耳朵里。

04

声音跑得有多快

🔊 声音的快与慢

一段 100 米的路上排列着 19~20 盏声控灯。一个人拿着大喇叭，站在灯的一端，开始大喊，灯是一盏一盏亮起来的。

远处的声波传入我们的耳朵，需要一段时间，我们用声速表示声音传播的快慢。

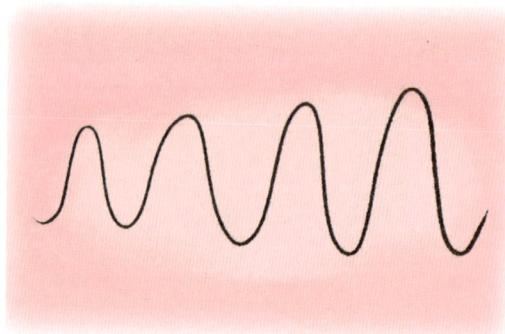

🔊 火车声音在哪里跑得快

声音在不同介质中的传播速度不同。一般来说，声音在固体中跑得比在液体中快，在液体中跑得又比在空气中快。

我听到了火车声.

什么声音也没有呀！

不同介质中的声速：

海水：1531 米/秒

空气：340 米/秒

钢铁：5200 米/秒

真空无法传播

🔊 温度会影响声速

> 听不到远处的声音啊！

> 我能听到远处火车的声音哦！

阴雨天，越靠近地面，空气温度越高，声音的波动就会向上弯曲，站在地面上的人不容易听到远处传来的声音。

晴天太阳落山后，地面热量向空中发散，空气升腾，温度随高度上升，声音波动朝下方弯曲，声音沿地面传播，人耳更容易听见。

> 声音传播的距离太远或速度太慢，能量消耗比较大。一旦声波的能量全部消耗在传播过程中或者改变了方向，人的耳朵就不容易接收到远处的这个声波。

> 空气（0℃）331米／秒，
> 空气（15℃）340米／秒，
> 空气（25℃）346米／秒。

🔊 算一算超声速客机的时速

很多国家已经研制出了超声速飞机。那么，超声速飞机究竟能飞多快呢？

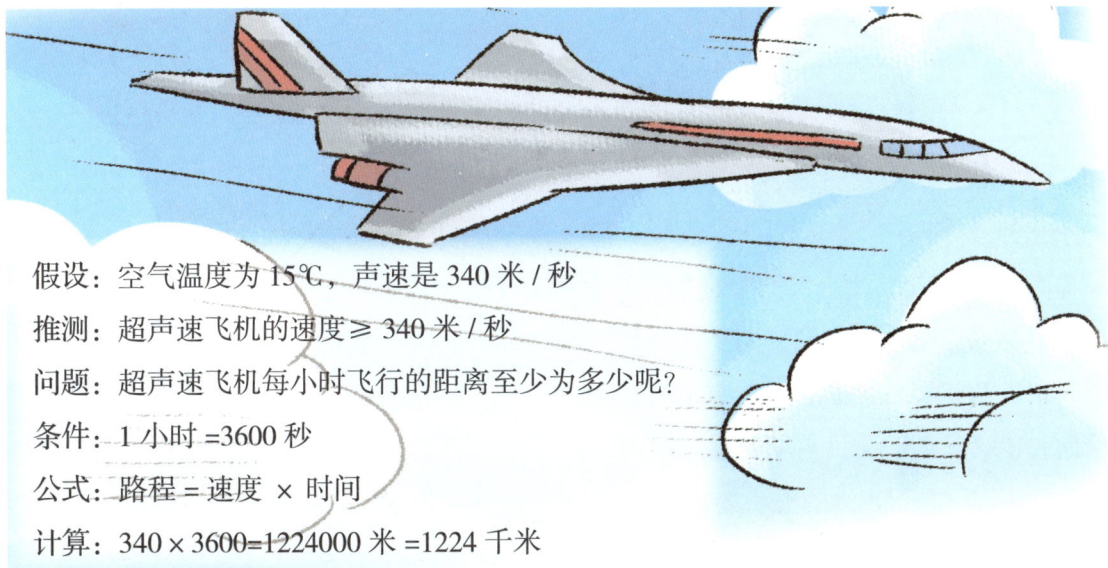

假设：空气温度为15℃，声速是340米／秒

推测：超声速飞机的速度≥340米／秒

问题：超声速飞机每小时飞行的距离至少为多少呢？

条件：1小时=3600秒

公式：路程＝速度 × 时间

计算：340×3600=1224000米 =1224千米

05

那里有个人在学我说话

站在山上喊话，声音在传播过程中，如果遇到另一座山，就会被反射回来，这个声音叫作回声。若另一座山离得很远时，发出的声音超过 0.1 秒回到耳边，那么回声和原声就是分开的。

音乐厅里也有回声，只是声音和障碍物距离太近，声音很快被反射回来，回声与原声混在一起，人们分辨不出原声与回声，两个声音会叠加，听起来更响亮。

🔊 建筑里的回声现象

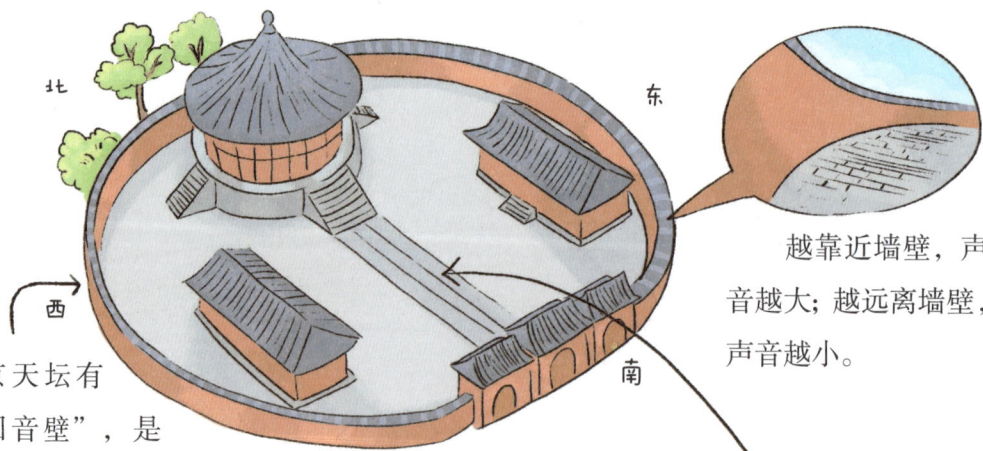

北京天坛有一座"回音壁"，是皇穹宇和东西配殿的围墙。两个人分别站在东、西配殿后，贴着墙，一个人靠墙向北说话，声波会沿着墙壁连续反射前进，传到一二百米远的另一端。

越靠近墙壁，声音越大；越远离墙壁，声音越小。

皇穹宇殿门外的轴线甬路上有三块铺路的条形石板，这就是三音石。站在第三块石板上，向殿内说话，可以听到三次回声。

◀)) 撞冰山的大轮船

1912年，英国有一艘巨型游轮"泰坦尼克号"，在前往美国途中，因没有及时发现冰山，轮船和冰山最终相撞导致沉没。

之后，科学家们发明可以测量水下目标的回声探测仪。它在船上发出声波，用仪器接收障碍物反射回来的声波信号，测出发出信号和接收信号间的时间，根据水中的声速计算障碍物的距离。

传感器

不仅如此，人们还开始使用军舰上的声呐探测鱼群，这不但探测到了鱼群，而且能分辨出鱼的种类和大小，另外，研制出的各种鱼探仪，也帮了渔民大忙。

◀)) 用眼睛来看回声

石子扔进河里，会激起一圈圈波纹，有时波纹还会返回来。神奇吧，我们用眼睛可以看清回声的轨迹。为了看得更清楚，我们不妨做个实验吧！

1.准备一个圆形水槽，水槽内盛入适量清水。

2.将一颗石子扔进水槽内，槽内的水被激起波纹。

3.波纹碰到水槽内壁，又荡了回去。

06

海豚音到底有多高

一首同样的歌曲，有些人能唱得高亢、激昂，有些人却唱得低沉、压抑，还有人能唱得醇厚、稳重。甚至同一个音符 Do，都能唱出高中低差别。这便是音调，表示声音频率的高低。

🔊 一把钢尺改变音调

1. 取一把钢尺，紧紧地按在桌面上，一端伸出桌边。

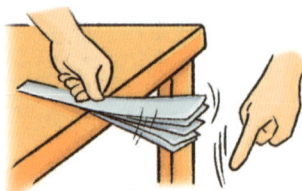

2. 用手指拨动钢尺，观察振动幅度，听它振动发出的声音。

3. 改变钢尺伸出桌边的长短，用同样的力拨动钢尺，观察振动幅度，听它的声音。

钢尺伸出桌边的长短影响钢尺的振动幅度。音调高低与物体振动的快慢有关，物体振动速度快，音调就会高；物体振动得慢，音调会变低。

🔊 你能画出音叉的音调吗

科学家想要看见声音的波形，于是把音叉发出的信号连接到一台计算器上，其间还更换了不同频率的音叉。终于，声波的秘密被揭开：音调不同，声音的波形也不同。

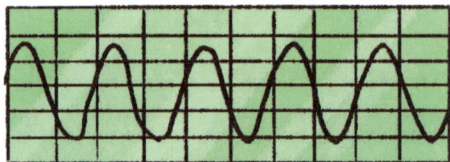

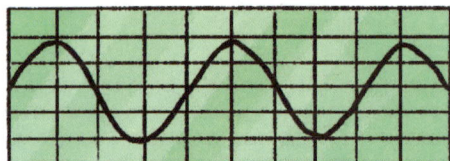

音调高，波形更密集，声音的频率较高；音调低，波形稀疏，声音频率较低。

🔊 海豚的一副好嗓音

海豚的声音音调非常高，达到了 70000~150000 赫兹，超出了人类 20~20000 赫兹的听觉范围，是一种高音调超声波。

海豚没有声带，不用嘴巴"说话"，通过操纵呼吸孔和鼻道的肌肉来挤压空气而发出声音。

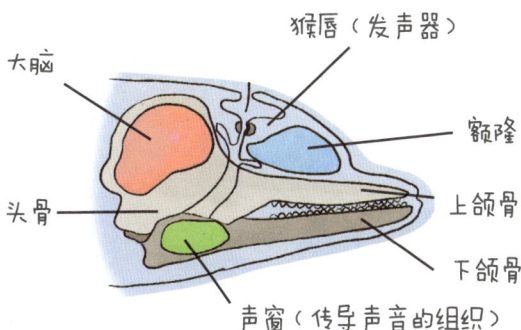

海豚非常喜欢"社交"，它的头顶有一个呼吸洞，里面长有瓣膜，当空气进入呼吸孔时，它可用瓣膜来调节气流大小，发出高低不同的声音。前颌有两个角状气囊，可以定向发射声波，向同伴发射"语言信息"。

海豚发射的声波不是单一频率，接收声波时，颌部接收高频声波，耳朵接收低频声波。哪怕是一根小水草，它都能准确地感应，甚至能在黑暗的深水区自由活动。

07

如何改变音量大小

中国跳水运动一直都站在世界顶端，名列前茅，裁判对中国跳水运动员对入水水花的控制由衷佩服和惊叹。由于水花比较小，发出的响声也比较小。

扑通~

🔊 一个乒乓球看出振幅大小

人耳感受到的声音大小、强弱就是声音的响度，也就是音量。音量大小首先和物体振幅有关。振幅，物体振动的幅度，也就是振动时物体偏离原来位置的最大距离。

实验器材：绳子 1 根，乒乓球 1 个，木盒 1 个，音叉 1 个，铁锤 1 根，铁架台 1 个。

实验步骤：

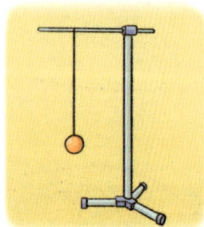

1. 把乒乓球用绳子绑在铁架台上。

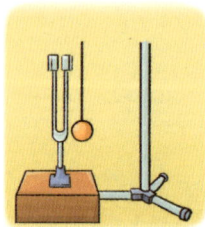

2. 把音叉固定在木盒上。木盒就是音叉的共鸣盒。

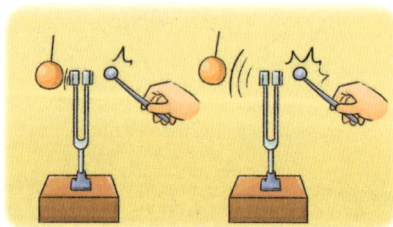

3. 将乒乓球靠近音叉放置，铁锤轻敲音叉，声音小，乒乓球弹起的幅度小；用力敲音叉，声音大，乒乓球抬起的幅度大。

物体振动幅度越大，产生声音的响度越大。

振幅小
振幅大

🔊 离得远可能听不见声音

放在桌面上的钟表"滴答"声，你可能听不到。但如果把钟表放到耳朵附近，你就能听到"滴答"的声音,这是怎么回事呢？原来响度还与距离声源的远近有关。离声源越远，声音越分散，声音的响度越小。

🔊 扬声器上的舞蹈

在音响上面放一些小纸屑，音响发出的声音响度越大，小纸屑跳得越高。放出来的声音响度越小，小纸屑跳得越低。

> 响度，声音的大小程度，由物体振动的幅度决定。

🔊 感受声音的大小

我们常用"分贝"作为音量大小的单位，"dB"是分贝的英文缩写。这个单位的名称来自于美国电话发明家亚历山大·格雷厄姆·贝尔，为了更加精准地描述我们对声音的感觉，后来才在前面加了"分"字，代表十分之一，即1贝尔等于10分贝。

不同分贝，人的感受是不一样的：

0~20分贝，很静、几乎感觉不到。

20~40分贝，安静、犹如轻声絮语。

40~60分贝，一般、普通室内谈话。

60~70分贝，吵闹、有损神经。

70~90分贝，很吵、神经细胞受到破坏。

90~100分贝，吵闹加剧、听力受损。

100~120分贝，难以忍受、待一分钟会暂时致聋。

120分贝以上，可能导致永久性失聪。

> 我是贝尔，音量大小的单位和我有关。

08

为什么有些声音听不见

地震是地壳快速释放能量过程中造成的振动，但人们却听不到由地震产生的声音，这是为什么呢？

人耳对声音的敏感度取决于声音的频率，也就是音调。频率的单位为赫兹，赫兹的名字来自德国物理学家海因里希·鲁道夫·赫兹，用符号 Hz 表示。

人耳可听振动频率在 20~20000 赫兹之间，名为"听觉频率范围"，包含我们能听见的各种频率的声音。

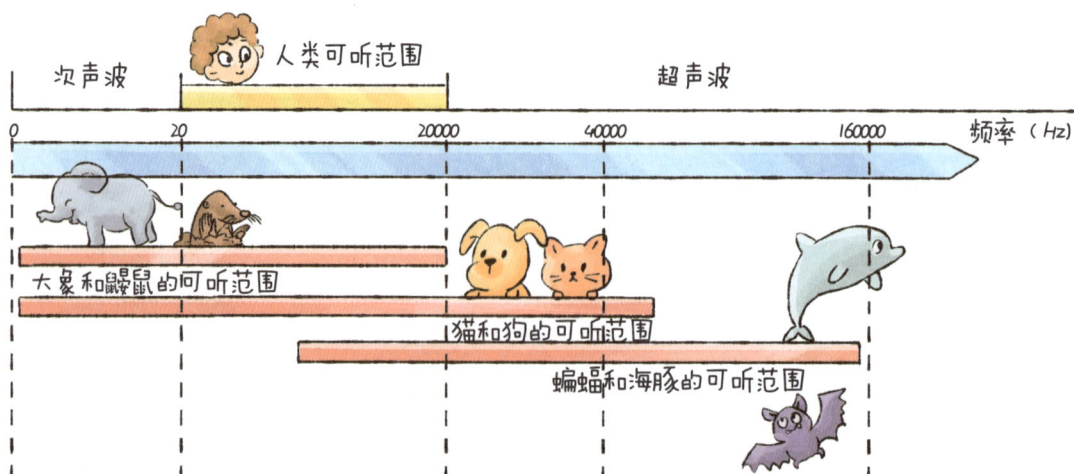

我们有两种声音听不见，一个是超过人类听觉上限的声波，称为"超声波"，声音频率高于 20000 赫兹。另一个是低于人类听觉下限的"次声波"，声音频率低于 20 赫兹。

自然界超声波的主要来源有风、水流等。它们的共同点是方向性好、穿透性强、传播距离较远。

次声波主要来源于海上风暴、火山爆发、海啸、导弹发射，它们的共同点是不易衰减、不易被水和空气吸收。

在一个静悄悄的午后，明明什么声音也没有，但家里的小猫、小狗却叫个不停，院子里的小鸡也上蹿下跳的。这是怎么回事？

喵

人和动物能听到的声音频率范围是不同的。这也是为什么在一些自然灾害发生时，动物们受到的伤害比人类小。因为它们可以听见地震、海啸等自然灾害发出的声波，并及时避难。

09

猜一猜，那是什么声音

小明蒙着双眼，正在和同伴们做游戏。钢琴和手风琴先后发出同一个音，猜一猜钢琴和手风琴分别在哪边。你觉得小明能猜出来吗？

◀)) 辨声一点儿也不难

钢琴和手风琴的声音不容易混淆，人和动物的声音一听便知，爸爸妈妈的声音从来不会弄错，就连隆隆雷声和哗啦啦的雨声也很容易辨出……区分这些依靠的都是音色。

◀))) 是谁"动"了音色

影响音色的因素，一般包括材料和形状。

钢丝弦与尼龙弦，材质明显不同，同样的音高有着不同的音色。

材质相同，形状不同，一个是弦，一个是片，音色就改变了。

◀))) 大自然的完整音色

自然界中的每一个声音，都是基音加泛音组成的。

以 440 赫兹的频率振动发出的音就叫作基准音，做局部振动产生的便是泛音。基准音有最明显的音高，泛音音量比基准音小得多，只是用来修饰音色。

音色就是声音的品质。不同发声体的材料、结构各不同，发出声音的音色也就不同。

10

我们用声音做点什么

小宝宝出生时哇哇哭，不停告诉我们他的到来，有些妈妈听见宝宝的哭声就能感应到宝宝的需求，有些宝宝听见妈妈的声音便能展开笑颜……声音的作用远不止这些！

动物界也有很多利用声音的高手。

蝙蝠飞行时能发出超声波，超声波碰到障碍物会反射回来，根据回声的方位和时间，蝙蝠便可以准确锁定猎物，快速躲避危险。

医学领域中，"声音"也有功劳。

B超，利用超声波穿透物体，一旦碰到障碍，便会产生回声。不同的障碍物会产生不同的回声。孕妈妈到了一定月份，就需要通过B超看看胎宝宝的样子和健康程度，同时可以通过B超检查，了解病人身体内的情况。

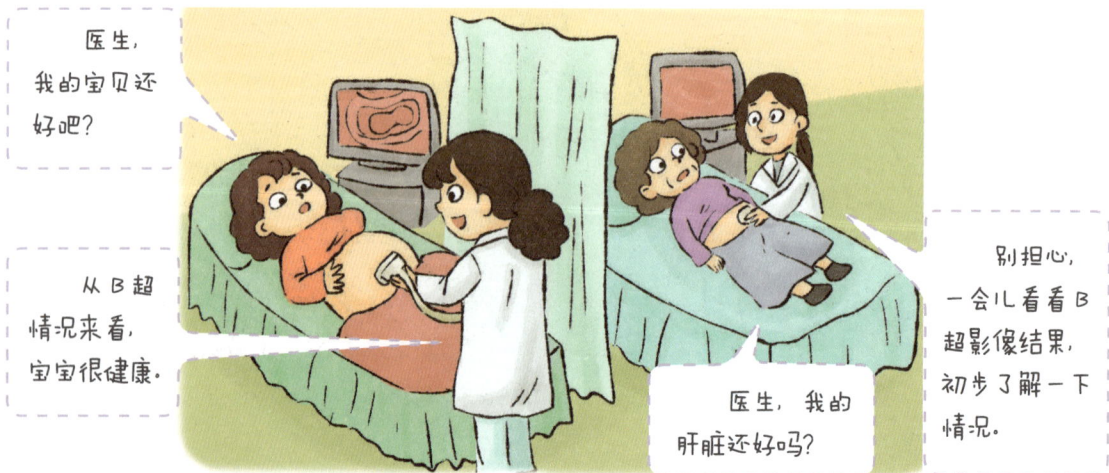

医生，我的宝贝还好吧？

从B超情况来看，宝宝很健康。

医生，我的肝脏还好吗？

别担心，一会儿看看B超影像结果，初步了解一下情况。

工业生产也使用超声波设备，快速、便捷、无损伤、精确地检测工件内部的情况，用于确保生产安全，保证产品的质量等。

1. 看看金属材料内部有没有气孔、裂纹等。
2. 看看工件内部有没有暗伤。
3. 看看金属焊缝是否合格。

水母有一种能够感受次声波的器官，人们精准地模拟了这个器官，发明了一种叫"水母耳"的风暴探测仪。

台风和海浪摩擦会产生人耳听不见的次声波，它的传播速度远快于台风移动速度。

人们把水母耳安装在舰船的前甲板上。当接收到次声波的信号时，它可显示风暴的方向和强度。

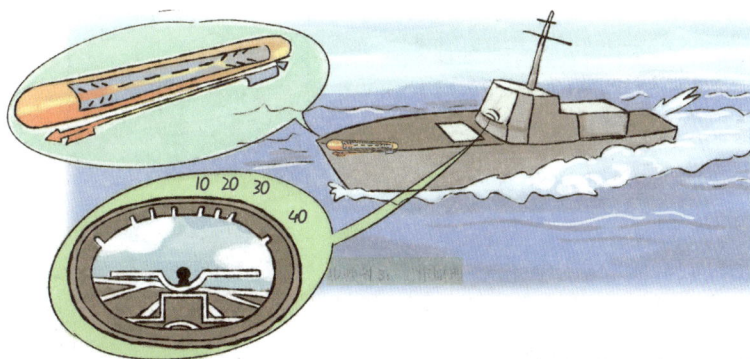

世界上的声音千千万万，声音在人们生活中扮演着重要的角色。

你还知道哪些利用声音的好物呢？

11

声音也会污染环境

1883 年，人类历史上喷发规模最大的一座火山——印度尼西亚的喀拉喀托火山喷发了，它喷发时产生的声音威力令人感到天崩地裂。据记载，火山爆发中心产生的声音高达 315 分贝，以至于在 5000 千米之外的人都能清晰地听见，声波在地球上环绕了 4 圈后才消失。而且，当时距离火山 64 千米远的不少人的耳膜都被震破，160 千米外的楼房玻璃也都被震碎了。

火山爆发虽然离我们很遥远，但在城市中噪声污染也给我们造成了不小的影响。例如，距离市区较近的工厂里，大小设备的轰鸣声、建筑工地叮叮当当的声音、交通工具的鸣笛声等。

🔊 每个人对声音有不同的感受

噁声，通常指不同频率、不同强度的声音杂乱无章地组合在一起。然而，和谐的音乐声呢？如果它发生在不合适的时间和地点，也会成为噁声。

每个人对不同强度的声音的感受是不一样的。同样分贝的声音，习惯安静的人会觉得太吵，但有些人却不会这么觉得。

为了保护听力，保障身体健康，噁声允许值是 75~90 分贝。为确保交谈和通信顺畅，环境噁声允许值是 45~60 分贝。睡觉时建议噁声分贝控制在 35~50 分贝。

🔊 如何控制噁声

噁声严重影响人们的生活、工作和学习，我们可以通过声音产生到听见这整个过程来控制噁声。

摩托车上装消音器，从源头上直接防止噁声的产生。

给地铁或建筑运用隔音材料，直接阻断噁声的传播。

工厂里的工人戴上防噁声耳罩，不让噁声进入耳朵。

01

我们离不开光的世界

你有没有觉得很神奇，为什么我们的眼睛能够看见东西？这是因为光的存在，当光反射到我们的眼睛当中，我们才能看见这一切。

宇宙间物体有的是发光的，有的是不发光的，我们把自己能发光且正在发光的物体叫作光源。

太阳、打开的电灯、燃烧着的蜡烛等都是光源。

白天，太阳给我们带来光明。太阳属于自然光源，在太阳光下我们也看到了世间万物。绝大部分生物都需要利用太阳光来制造食物和氧气。没有太阳光，人们就没有食物吃，也没有氧气呼吸。

植物与海洋生物吸收太阳辐射后，将碳元素分离出来，存储在体内，历经长时间的化学反应，形成了煤炭、石油和天然气。后来，人们利用它们发电，使电灯亮起来，机器运转起来。

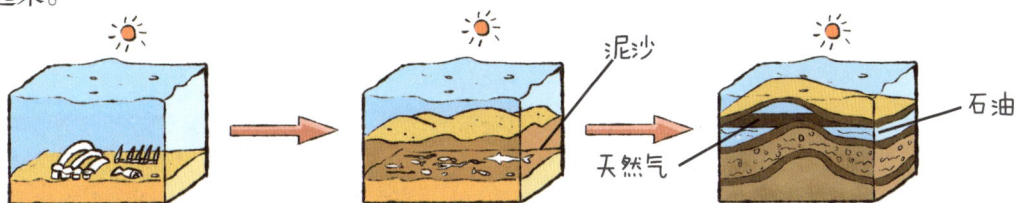

1. 植物和海洋生物死亡。

2. 沙泥掩盖动植物的残骸。

3. 动植物残骸常年受热受压后，形成石油和天然气。

4. 开采石油及天然气。

5. 通电啦！

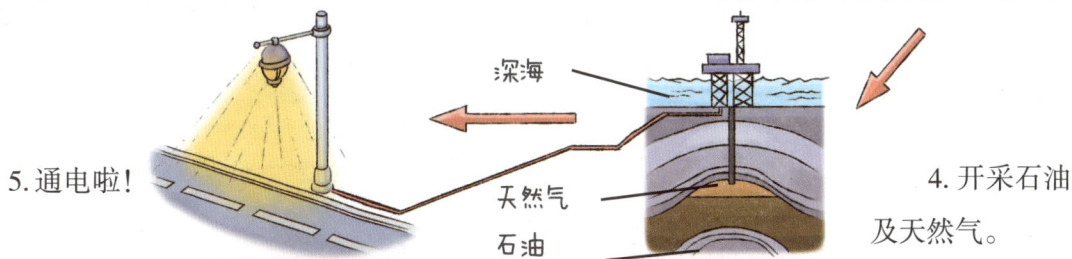

停电了！不用慌张，打开手电筒，或者点上一根蜡烛，周围又会亮起来。

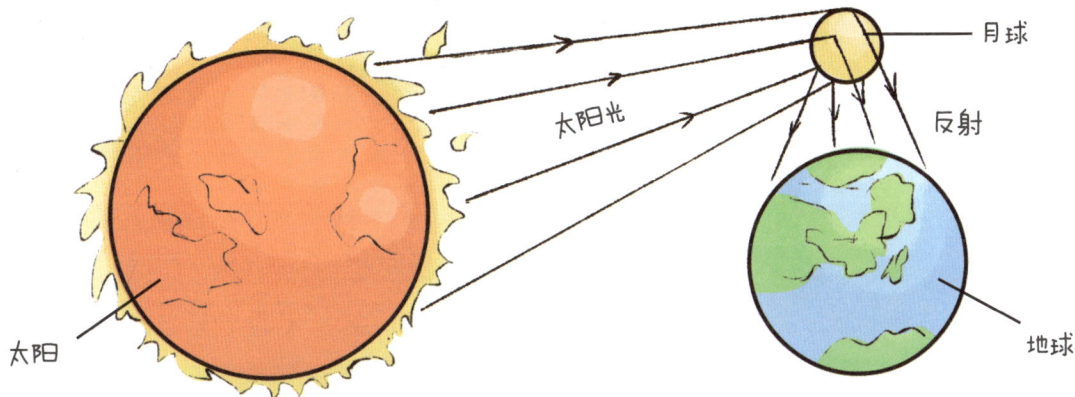

【小知识】

月亮本身并不会发光，它并不属于光源，它的光其实仍旧来自太阳。不光滑的月球表面对太阳光形成漫反射，光线进入地球的大气层射入我们的眼睛，变成了我们所看到的皎洁月光。

02

跟踪光的传播路线

擦黑板时，粉笔灰到处飞扬，一缕阳光穿过窗户照进来，半空中一束笔直的光清晰可见。

光的"跑步路线"

光和声音一样，可以在固体（玻璃等）、液体（水等）、气体（空气等）中传播。不过稍有区别的是，光的"跑步路线"是直线，而且光在真空中也能传播，因为速度非常快，被称为"光速"。据说，光速比孙悟空翻一个跟头快多了！

看我老孙非超过你不可！

1. 光能从玻璃砖的一侧射向另一侧。可以看出光在固体玻璃中沿着直线传播。

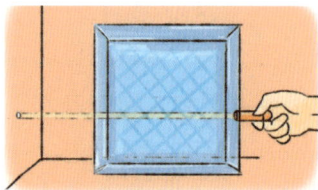

2. 将玻璃水槽注入水，再用激光笔将一束光从玻璃水槽一侧射到对侧。可以发现光在水里也沿着直线传播。

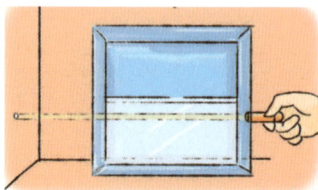

3. 一束光穿过树丛的缝隙，照射到地面上，你能看见光在空气中也是沿直线传播的。

☀ 好玩的小孔成像

其实，早在春秋战国时期，墨子和他的学生们就一起做过小孔成像实验，已经发现光沿直线传播这一性质，比西方早了2000多年。光照射在人体上，人体会将光线反射出去，遇到遮挡物，也会通过小孔直线透射出去，哪怕在小孔处相遇，也不会改变前进的轨迹。

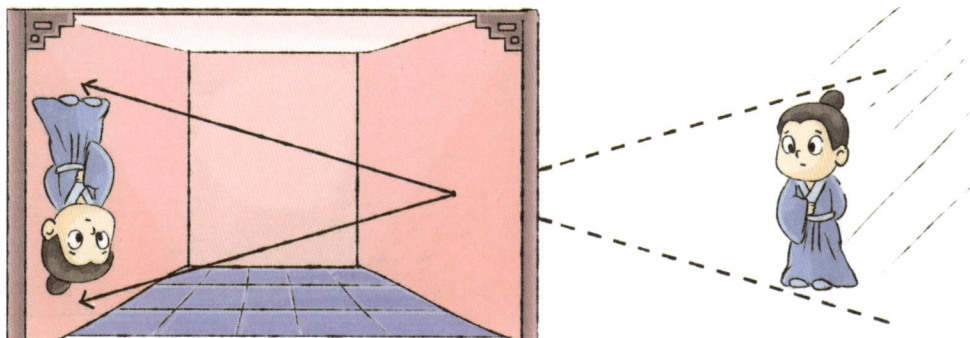

为了表示光的传播情况，我们通常用一条带箭头的直线表示光的路径和方向，这样的直线就叫"光线"。

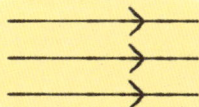
平行光线

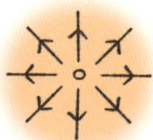
发散的光线

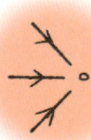
会聚的光线

自然界的小孔成像也很有趣！当阳光透过树叶之间狭隘的缝隙时，投在地上的光斑竟然都是圆形的。如果树叶的缝隙太大，又会出现什么呢？

答案是树叶的影子。

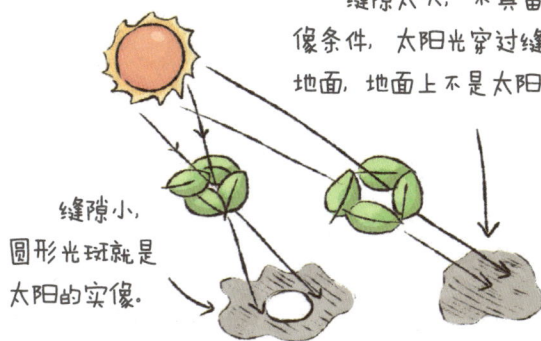

缝隙太大，不具备小孔成像条件，太阳光穿过缝隙到达地面，地面上不是太阳的实像。

缝隙小，圆形光斑就是太阳的实像。

☀ 隧道里光的指引

开凿隧道时，人们用激光的直线光束来引导掘进机，帮助掘进机保持直线前进，隧道的方向也就不会歪歪扭扭。

03

闪电比打雷快多少

下雨天，我们已经知道会先看到闪电再听到雷声。这是因为闪电和雷声在大气中传播速度不一样，闪电"跑得快"，雷声"跑得慢"。那么，光比声音的速度到底快多少呢？声速只有光速的九十万分之一。

> 光每秒大约能走 30 万千米，很快就能到达地面。

> 声音在空气中传播速度慢，每秒只能走 340 米。

光速快到惊人

光在真空中的速度最快，如果让光用这种速度绕着地球跑步的话，每秒大约可以跑 7 圈半。

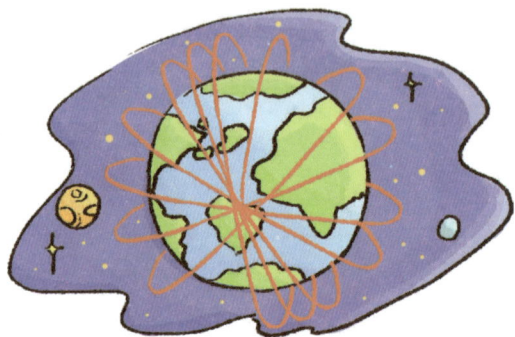

太阳光多久到地球

太阳和地球之间的距离大约有 1.5 亿千米，这是多远你可能感受不出来。但光跑得那么快，都不能一眨眼就跑到地球，大约需要 8 分钟才能抵达。

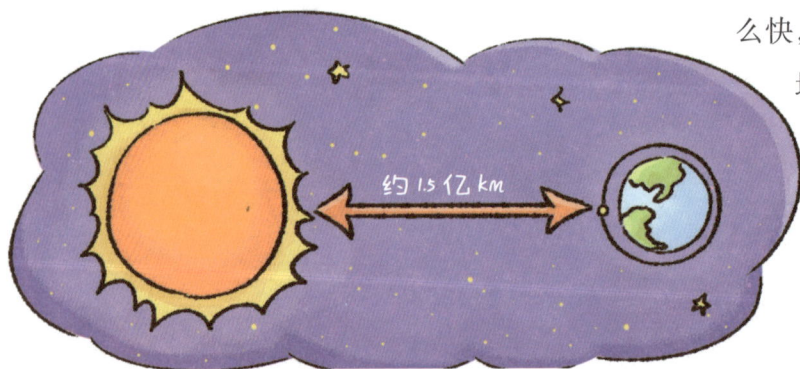

约 1.5 亿 km

1. 光在空气中的速度仅仅略小于真空，一般认为这两个速度相等。
2. 光在水中的速度约为真空中光速的四分之三。
3. 光在玻璃中的速度约为真空中光速的三分之二。

牛郎织女多久见面一次

宇宙中恒星间的距离相当大，就算用千米来计算，都得是一个天文数字。于是，天文学家使用了一个非常大的距离单位——光年。

牛郎星和织女星相距大约16光年。就算按光速前进，两人见上一面最少也得用16年时间。

光年就是光在一年里传播的距离，也是长度单位。

1 光年 ≈ 9460500000000000 米

看见过去的光

恒星是会自己发光的，我们可以观测到它们发出的光。只是因为距离太远，那道光可不是现在的光，而是过去的光。

比邻星，只能在南半球看到的一颗恒星，是距离太阳系最近的恒星，距离我们大约 4.2 光年。它发出的光长途跋涉 4 年多，才能到达我们的眼睛。

太阳系

4.2光年

比邻星

如果人类能够制造出比光速还快的机器，就像机器猫的时光机，我们是不是就可以回到过去或者去到未来呢？

回到过去吧！

04

光被挡住，影子出现啦

阳光正好，你的身边似乎有一个黑影紧随其后，它便是你的影子。和影子赛跑，你能赢吗?

天黑了，点一根蜡烛，烛光被挡住的地方是不是留下一块黑影? 别怕! 做个手影游戏，看看墙上是什么小动物吧?

表演者站在一块白色幕布后面，头上戴个手电筒，手里拿个皮影人物或动物，一场皮影大片即将开始。

☀ 影子出来啦

光在同一介质中是沿直线传播的，当光从发光物体沿直线传播过来时，有一部分光线被人体挡住了，无法穿透过来，于是地上或墙上就留下了被人体挡住的那部分，形成了一个黑影。

☀ 影子变大变小

一天之中，阳光下物体的影子是会变化的。从早晨到中午，影子由长变短。从中午到黄昏，影子由短变长。

看一看，下面的这些影子，你能认出他们分别是谁的影子吗？

人离光源远，影子会变小；人离光源近，影子会变大。

日食和月食是怎么回事

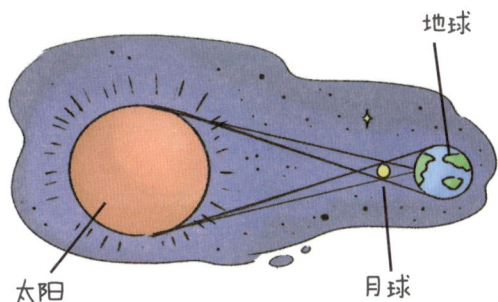

地球绕着太阳转，月球绕着地球转，当月球转到太阳和地球中间，三者在一条直线上。月球挡住了太阳光，留下一个黑影落在了地球上，处于地球黑影中的人们，便看到了日食。

同样的道理，当太阳、月球和地球处在一条直线上，这次换地球转到月球和太阳的中间。因为太阳光无法射到月球上，在地球上观测月球，便有一块区域出现了阴影，这就是月食。

无影灯的发明

手术室里有个大灯，名为无影灯。它能从不同角度把光线照射到手术台上，确保手术视野有足够的亮度，还不会产生明显的影子，有利于手术顺利进行。

05

不发光的物体也能被看见

地上掉了一本书，我们回头朝地上看，便能看见这本书。书本身并不发光，可我们为什么能看见它呢？

光传播到不同介质中，在分界面上会有一部分光回到原来介质中，这一现象叫作光的反射。我们能够看见不发光的物体，正是物体反射的光进入了我们的眼睛。

有规律地反射那道光

光的反射是有规律的。在反射现象中，反射光线、入射光线和法线都在同一个平面内，反射光线、入射光线分别位于法线两侧，反射角等于入射角。

经过入射点 O 并垂直于反射面的直线 ON 叫作法线，入射光线与法线的夹角 i 叫作入射角，反射光线与法线的夹角 r 叫作反射角。

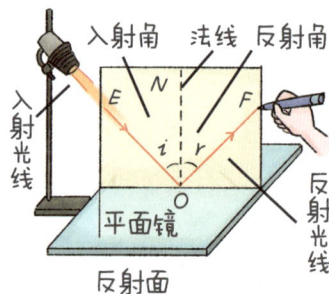

一起做实验

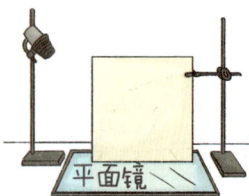

1. 一个平面镜放在桌面上，再将一张纸板垂直地立在平面镜上。

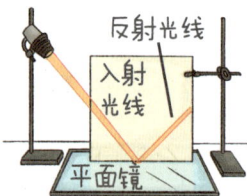

2. 一束光，沿某个角度射入，经平面镜反射，又沿另一个方向射出。

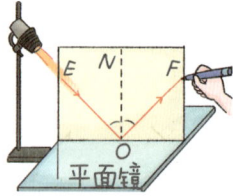

3. 在纸板上，用笔细致地描出光线路径。

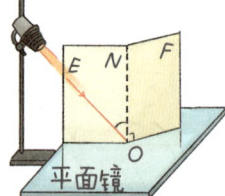

4. 把纸板中间向前或向后折，在纸板上不能看见反射光。

【实验结论】法线、入射和反射光线在同一平面内，入射和反射光线分居两侧。反射角和入射角大小相等。

☀ 河水里的倒影

　　河边常常会有人和物体的倒影，古人还没发现铜镜之前，就用水面当镜子，看着倒影进行梳妆打扮。

　　生活中反射光现象非常常见，例如，

汽车后视镜

教室里白色的墙壁

你还知道的光反射现象有哪些呢？

照镜子

反射望远镜

反射镜　目镜

06

妈妈也能看见镜子里的你

你和妈妈两人同时照同一面镜子，你能看见镜子里的自己，妈妈也能看见镜子里的你，你也能看见镜子里的妈妈。这是怎么回事呢？

当光线反方向传播时，它会沿着原来正向传播的方向，按照同一路径，反向传播回去。这就是光路的可逆性。

我们一起来做两个实验看看光的可逆路线吧！

实验一：

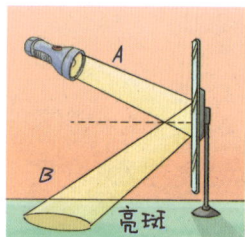

1. 晚上，在暗处A点，用一个手电筒照射平面镜，注意要斜着照射，光被反射。在B处有一个亮斑。

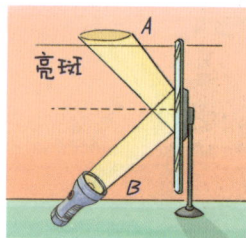

2. 平面镜保持不动，在暗处B点，用一个手电筒照射平面镜，同样要斜着照射，光被反射。在A处也有一个亮斑。

实验二:

1. 在桌子上铺一张白纸,在白纸上垂直放置一块平面镜,用激光笔沿桌面向平面镜射出一束光,在白纸上沿激光的路线画出光的路线,还要标出方向。

2. 沿着相同方向逆向射向平面镜,会发现与原来的光线路径相同,只是方向相反。

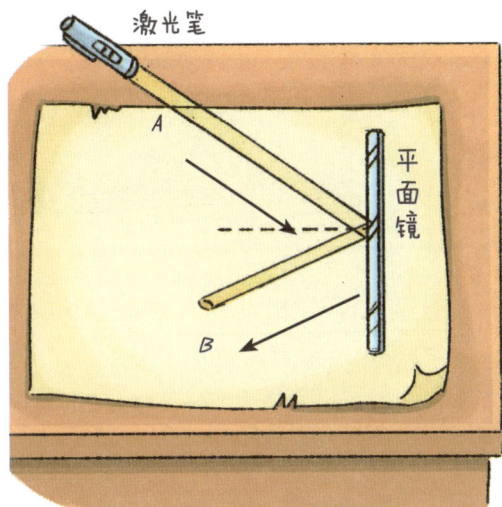

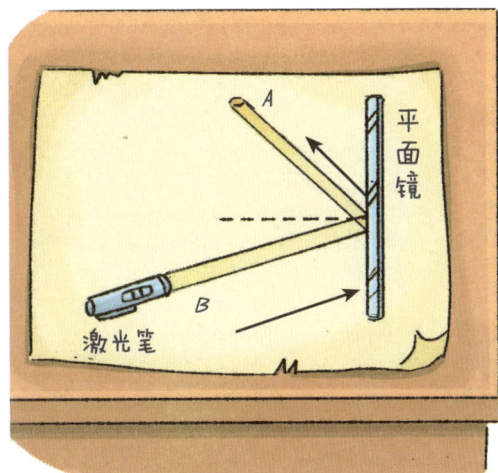

这个实验可不是简单的入射光和反射光的问题,和38页的内容不同,它主要告诉同学们:光具有可逆性。请仔细看箭头哦!

反射光线变为入射光线,原来的入射光线也就变为反射光线。原来的反射角就是现在的入射角,原来的入射角也变成了反射角。

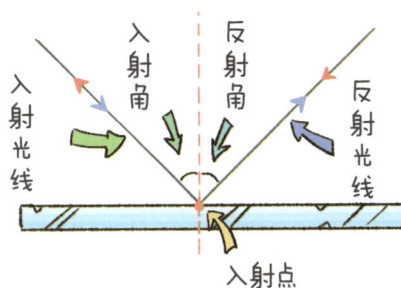

小红和小黄两人在照同一面镜子,小红在镜中看到了小黄的眼睛,那么,小黄能在镜子里看到什么呢?

小红在镜子里看到了小黄的眼睛,说明从小黄眼睛出发的部分光线经过平面镜的反射后进入了小红的眼睛。根据光路的可逆性可以知道,从小红的眼睛出发的光线经过平面镜的反射后一定也进入了小黄的眼睛,所以小黄也一定能从镜子里看到小红的眼睛。

07

有些反射光很刺眼

阳光射到镜子上，迎着镜子的光，你会觉得特别刺眼，其他方向却看不到反射的阳光。

上课黑板发出的光有时也会很晃眼，一些同学直接看不清黑板上的字。

对面高楼大厦的玻璃幕墙反光，直接照得路人眼睛睁不开。

阳光照在白纸上，无论从哪个方向看，纸都被照亮了，但不会感到刺眼。

同样都是光的反射现象，为何有些刺眼，有些却没事呢？

好刺眼！

我们的光线是发散的，可以从不同方向看到我们。

镜子、黑板、玻璃表面十分光滑，一束平行光照射过来，会被平行地反射出去，这叫作镜面反射。

凹凸不平的表面，则会把平行的入射光线向着四面八方反射出去，这叫作漫反射。

电影院看漫反射光

小时候看电影，总觉得很神奇，身后的小小窗口发出的光，投射到前方大幕布上，电影就开始播放了。

漫反射

在不同的座位上都可以看到银幕上的画面，这是因为光在银幕上形成了漫反射。

投影仪漫反射伤眼吗

当投影仪光源发出的光投射到粗糙表面时，光线会无规则地向着四面八方反射，避免反射光全部进入人眼，降低了对眼睛的刺激。

但是，长期看投影仪，眼睛无法获得休息，容易导致视力疲劳，对视力的损害也不容小觑。因此，我们观看投影，一定要有所节制哦。

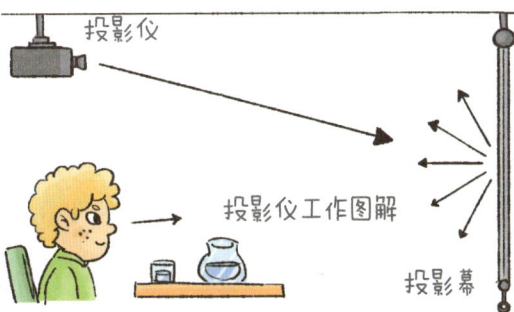

投影仪

投影仪工作图解

投影幕

08

平面镜也能成像

小明抱着一个钟表照镜子，明明钟表实际显示时间是 10 点整，可是为什么当他照镜子时，从镜子里看时间，竟变成了 14 点整了？

太阳光或者灯光照射到人体上，被反射到镜面上，平面镜又将光反射到人的眼睛里，于是我们看到了自己在平面镜中的虚像。

> 小明镜子里的另一个自己，其实就是他的像。这个像上下看，和本人一模一样，但左右正好相反。

> 物与像被平面镜分割，并相互对称，大小也相等，左右相反。

💡 一起做实验

1. 在桌面上铺上一张大纸，纸上垂直桌面放一块玻璃板，作为平面镜。

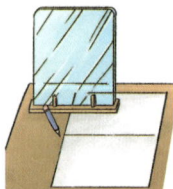

2. 在纸上，用笔记下平面镜的位置。

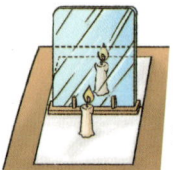

3. 把一支点燃的蜡烛放在玻璃板的前面，可以看到它在玻璃板后面的像。

4. 再拿一支没有点燃的蜡烛，在玻璃板后面竖立着移动，直到看上去它跟前面那支蜡烛的像完全重合。

5. 这个位置就是前面蜡烛的像的位置，在纸上记下这两个位置。

【实验说明】

平板玻璃帮助确定像的位置，直尺是为了比较像与物的距离。两支蜡烛相同，便于比较像和物的大小。

如果无论怎样移动都无法让像与物重合，可能是因为玻璃板没有垂直于桌面。

【实验结论】

像与物大小相等。像、物到镜面的距离相等。像、物的连线与镜面垂直。

生活中的平面镜

妈妈都会有一面梳妆镜，方便整理仪容。

医生用平面小镜子给患者检查牙齿。

美！

呵～

潜水艇下潜深海后，艇内人员可以用潜望镜观察水面上的情况，就是因为里面放了两块平面镜。

如果把许多平面镜按照一定规律排列起来，我们便可以利用太阳能发电啦！

09

筷子在水中变弯了

海面、江面、湖面、沙漠或戈壁等地偶尔会出现高楼大厦、城郭、树木等幻境，称为"海市蜃楼"，实则是一种光学现象。

来自地平线以下较远物体的一部分光射向空中，经过不同高度空气，发生弯曲，逐渐弯向地面，进入眼睛。

光在相同均匀的介质中沿直线传播，但如果介质疏密不均匀，光就会改变直线传播的方向，发生光的折射。光从一种介质射入另一种介质时，传播方向发生改变的现象，被称为"光的折射"。

一起做实验

1.将清水倒入杯中，再将筷子放入玻璃杯中，仔细观察筷子。

2.筷子好像折弯了，可是拿出来看，它还是完整的筷子。

这是为什么呢？空气和水是两种不同的介质，光在水中的传播速度比在空气中慢。光线照射筷子时，使筷子露在空气中的部分和在水中的部分反射回我们眼睛的光线发生了一个角度上的改变，看起来就好像筷子弯折了。

【实验结论】光从空气射入水中，发生了折射。

☀ 池水变浅了

池底某点发出的光，从水中斜射向空气时，会发生偏折。

逆着折射光看去，你会觉得这个点的位置升高了，好像池子的水看起来比实际浅了。

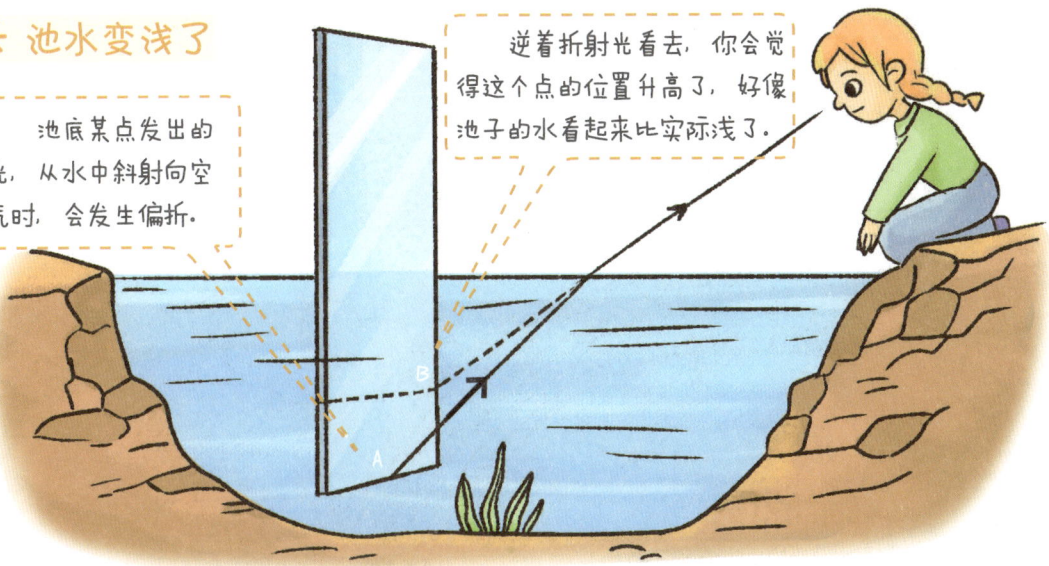

☀ 鱼在哪里

鱼儿在水里游来游去，明明看得很清楚，但用鱼叉去抓鱼，却又总是失手。有经验的渔民会瞄准鱼的下方来捉鱼。

鱼儿，往哪跑？

又让它跑了。

☀ 月全食为什么是红色的

你们相信吗，月亮的颜色也会发生变化？在一次月全食中，月亮周身透着近似红色的琥珀色，人们把它称为"血月"。

其实，这也和光的折射有关。发生月食时，地球把太阳直接照射月亮的光挡住了，太阳的光线经过地球表面大气层，就会发生光的折射，大部分的蓝光被散射，较多的红光会到达月球，使月球看起来仿佛被红光笼罩起来似的。

快看！红色的大月亮！

10

彩虹出现啦

刚下过雨，天边有时会挂着一道漂亮的彩虹。它出现的时间很短，散发着神秘的色彩。这些美丽的颜色是如何形成的呢？

🔆 彩虹总在风雨后

刚下过雨，空气中悬浮了大量的小水滴。太阳光照到空中那些表面光滑的小水滴时，光线发生了弯折。

每一颗雨滴就像一个小小的三棱镜，它会把太阳光分散成不同颜色的光。

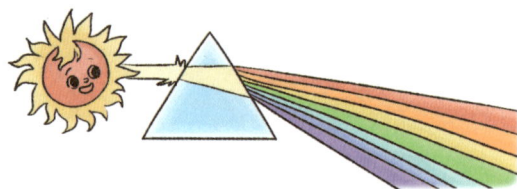

三棱镜是一种横截面为三角形的透明物体，可以折射光，把光分散成各种颜色的光。

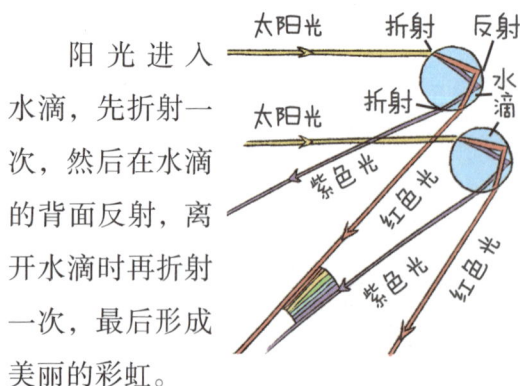

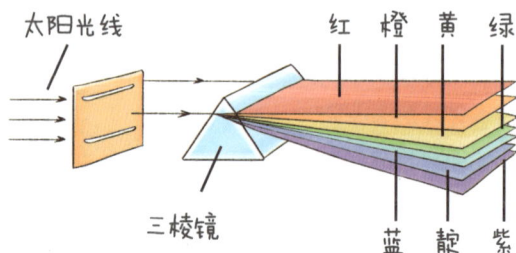

阳光进入水滴，先折射一次，然后在水滴的背面反射，离开水滴时再折射一次，最后形成美丽的彩虹。

太阳光是白光，它可以分解成很多不同颜色的光，这就是光的色散。

☀ 彩虹为何是弯的

　　每种颜色的光弯折的程度不一样。光的波长决定了光的弯折度，波长较长的光比波长较短的光弯折的程度小。红色光的弯折度最小，紫色光的弯折度最大，因此彩虹最上面那一层往往是红色，紫色位于彩虹最低的位置。

☀ 彩虹本身是个圆

　　彩虹也属于光学现象。通常肉眼所见为拱曲形，好像一座彩虹桥。但是，实际上彩虹是完整的圆形。

　　如果你恰巧在飞机上，就有可能观察到完整的、圆形的彩虹。如果你只是站在地平面上，那么你将无法看到彩虹圆圈的下半部分。

☀ 画出你喜欢的颜色

　　看电视是不是能够从屏幕上看到很多不一样的颜色，但其实它们都是由红、绿、蓝组合而成的。

品红　红　黄
　　　　　白
蓝　绿　青

红＋蓝＝品红，红＋绿＝黄，
蓝＋绿＝青，红＋绿＋蓝＝白

　　红、绿、蓝就是光学上的三原色。这三种颜色按照不同比例混合，就可以得到很多不一样的颜色。

紫　红　橙
　　　黑
蓝　黄　绿

红＋蓝＝紫，红＋黄＝橙，
蓝＋黄＝绿，红＋蓝＋黄＝黑

11

看不见的光

1665年，牛顿利用一块三棱镜把白光分成了红、橙、黄、绿、蓝、靛、紫七种颜色，这就是著名的"光的色散"实验。

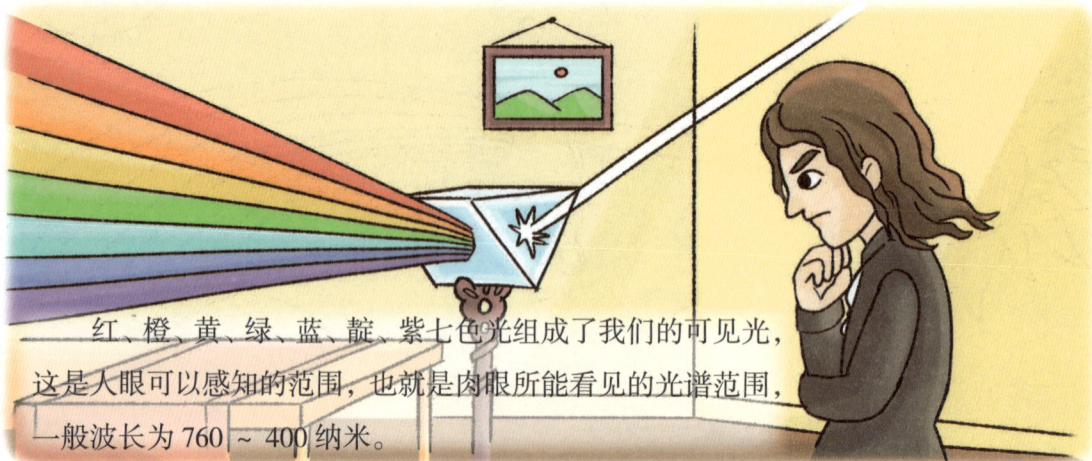

红、橙、黄、绿、蓝、靛、紫七色光组成了我们的可见光，这是人眼可以感知的范围，也就是肉眼所能看见的光谱范围，一般波长为760～400纳米。

除此之外，还存在不可见光，但凡波长超出人眼所见范围，统称为"不可见光"，常见的有紫外线、红外线等。

阳光里还藏着不可见光，嘻嘻。

☀ 紫外线该不该晒

紫外线指的是电磁波谱中波长从400～10纳米辐射的总称。紫外线的"本领"可不小。

大肠杆菌
白念珠菌
青霉菌
金黄色葡萄球菌
螨虫
流感病毒

它能够破坏细菌、病毒的繁殖能力，帮忙杀菌和消毒。

可让小宝宝经常外出晒晒太阳里的紫外线，帮助身体合成维生素D，防止佝偻病。

太阳中的紫外线也会给皮肤带来不少麻烦事。

长皱纹

皮肤发红

长黑斑

皮肤松弛

皮肤老化

红外测温仪的厉害

红外线是波长介于微波与可见光之间的电磁波，波长在 760 纳米 ~1 毫米之间，是比红光长的不可见光。红外线的本事也不小。

大型商场、地铁站等公共场合大多使用红外测温仪，它可以精准地测量和获取人体体温。

血液流通

关节不痛了

脂肪减少

皮肤变好

免疫力增强

病痛减少

它可以发挥美容的作用，甚至可以维持健康、祛除病痛。

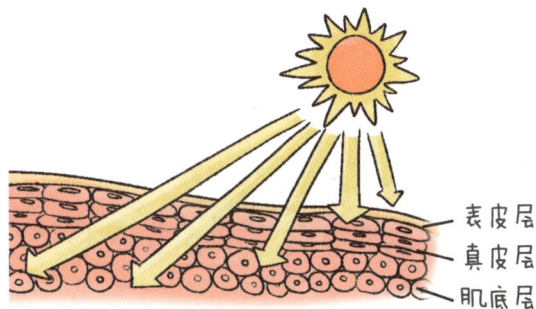

表皮层
真皮层
肌底层

但它的危害也不小。大量红外线反复照射皮肤，会使皮肤色素沉着。

一定强度的红外线直接照射眼睛，可能会引发白内障、视网膜和角膜灼伤。

小朋友们，你们知道紫外线和红外线还有哪些用途与危害吗？

12 凹透镜、凸透镜和光

什么是透镜？透镜是由透明材质制成的。仔细观察下面这两面玻璃镜片，明显可见镜片的中间和边缘薄厚不一。

凹透镜　　　　　　　凸透镜

凹透镜是中间薄、边缘厚的透镜。

凸透镜是中间厚，边缘薄的透镜。

放大镜把纸烧着啦

把一只放大镜正对着太阳光，再把一张纸放在它的另一侧。调整放大镜与纸的距离，纸上会出现一个很小很亮的光斑。

放大镜是凸透镜，对光有会聚作用。光斑处的温度很高，如果长时间照射，纸容易被烧焦。

显微镜、望远镜、放大镜都是与光有关的仪器设备，而且主要部件是透镜。

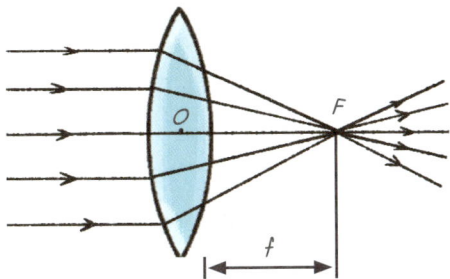

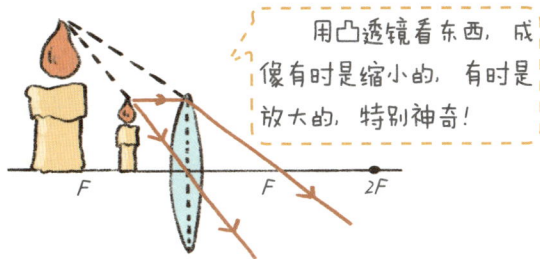

用凸透镜看东西，成像有时是缩小的，有时是放大的，特别神奇！

凸透镜的中间比边缘厚，当一束平行光平行于主光轴入射时，光会聚集到一起，形成一个 F 点，被称为凸透镜的焦点。焦点到凸透镜的光心 O 的距离，称为焦距，用 f 表示。

如果让平行于透镜主轴的几束光射向凹透镜，凹透镜中间比边缘薄，当光通过它时，会向四周发散。

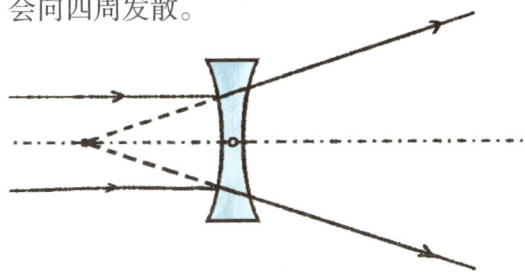

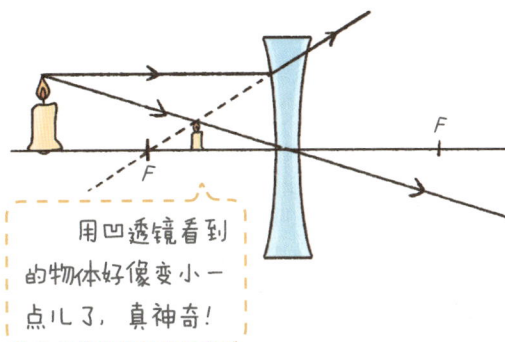

用凹透镜看到的物体好像变小一点儿了，真神奇！

自制简易相机

人们总爱把美好的事物记录下来，要么写成日记，要么用画笔描绘，要么用相机拍下来。

相机的前面有一个镜头，是由一个透镜组成的，相当于一个凸透镜。照相时，物体离相机镜头比较远，成像是缩小的、倒立的。

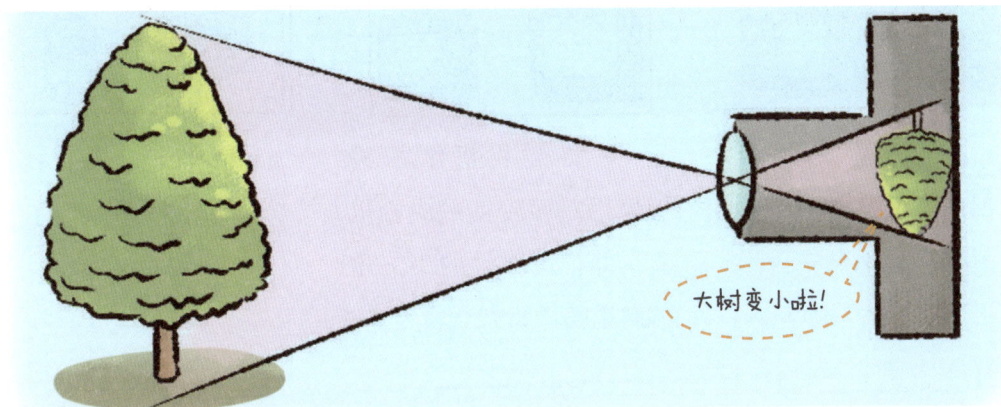

大树变小啦！

☀ 照相机里，光的轨迹

现代照相机主要利用凸透镜成像规律工作。

照相机的镜头大多数安装了凸透镜，保证光线成像的合适距离，景物反射的光通过镜头成像。在传统胶片照相机中，透过镜头的光线会聚在胶片上，成像被显影剂等特殊的化学物质留在了胶片上。而数码照相机、摄影机等会把像存储在里面的一张小小的存储卡内。

☀ 用硬纸片做一台相机

1. 在照相机纸卡方形孔的四周粘上双面胶，并把描图纸整齐地贴在方形孔上。

2. 将照相机纸卡沿折痕用双面胶粘贴成相机盒，并把镜头处的小三角形向里略微折叠。

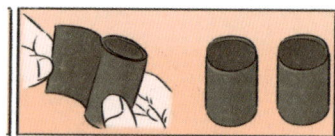

3. 将蓝色贴纸揭下，分别贴在对应的纸筒上。

4. 把凸透镜卡在小纸筒的一端，若有松动，可用双面胶固定。

5. 在大纸筒的中间部分贴上双面胶，并将大、小纸筒套在一起。

6. 把大纸筒粘贴在相机盒的镜头处，保证大纸筒的中轴线与相机盒垂直。

我就是一架模型照相机。

看得真清楚。

【**使用方法**】凸透镜相当于照相机的镜头，镜头对着景物。转动镜头，使镜头箱前后移动，在纸屏上会出现倒立的景物图像。

纸筒也能做相机

1.用硬纸板做 2 个粗细相差不大的纸筒，使一个纸筒刚好可以套入另一个纸筒内，并能前后滑动。

2.在一个纸筒的一端嵌上一个焦距为 5~10 厘米的凸透镜，另一个纸筒的一端蒙上一层半透明的薄膜。

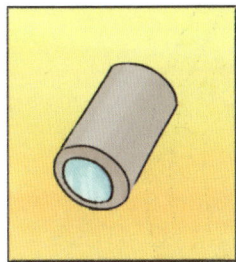

【**使用方法**】在较暗的室内，对着较亮的室外，拉动纸筒，改变透镜和薄膜间的距离，可以在薄膜上看到室外清晰的像。

14

眼睛为什么能看见东西

眼睛是打开世界大门的钥匙，它是如何帮助我们看到世间万物的呢？让我们跟着光的轨迹向身体内部探索，去眼睛里瞧一瞧吧！

眼睛怎么看东西

眼睛的构造十分精密，晶状体和角膜组合，就像一个凸透镜。

物体的光线通过角膜进入瞳孔，再由晶状体把光线汇聚在视网膜上。视网膜接收到光线信号，通过视神经传输给大脑，大脑将信息转换成图像，我们就能看见东西了。

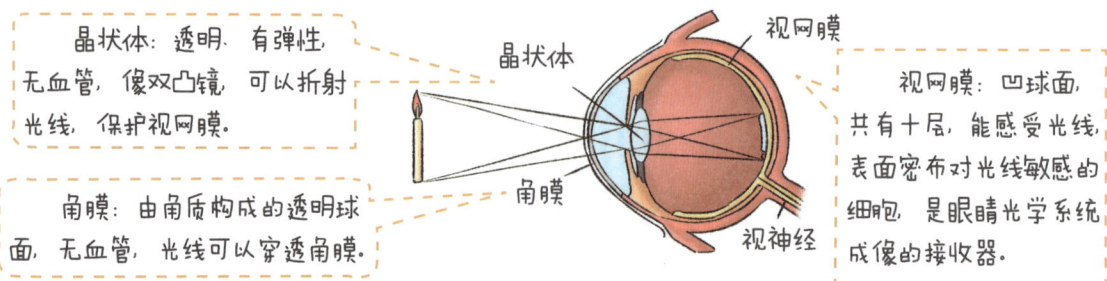

晶状体：透明，有弹性，无血管，像双凸镜，可以折射光线，保护视网膜。

角膜：由角质构成的透明球面，无血管，光线可以穿透角膜。

晶状体

视网膜

角膜

视神经

视网膜：凹球面，共有十层，能感受光线，表面密布对光线敏感的细胞，是眼睛光学系统成像的接收器。

通过晶状体聚焦在视网膜上的图像是上下颠倒、左右对调的。

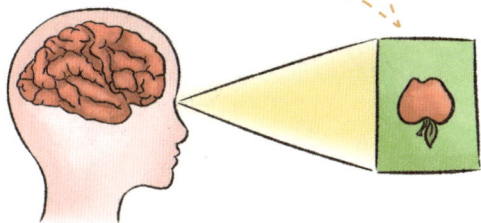

睫状体放松，晶状体变薄，远处物体射来的光正好聚焦在视网膜上，使眼睛可以看见远处的物体。

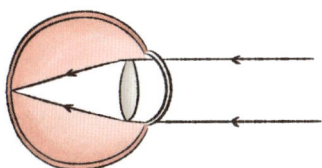

大脑会将信号转换成正立的图像。

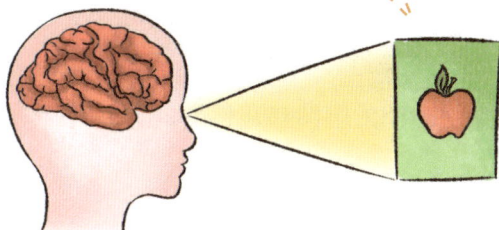

睫状体收缩，晶状体变厚，近处物体射来的光会聚焦在视网膜上，使眼睛可以看清近处的物体。

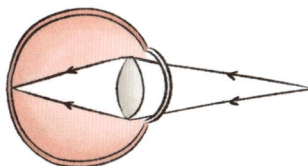

眼睛不想近视

正常眼睛观察近处物体最清晰又不疲劳的距离大约是25厘米，读书、写字时眼睛与书本的距离应保持在这一数值。

电子产品无处不在，小朋友们要严格控制看电子屏幕的时间。

还要积极参加户外活动，多看远处的青山绿水，但要避免阳光直射双眼。

长时间工作、学习后，可以闭上眼睛，将热毛巾放在眼睛上热敷，快速缓解双眼疲劳。

15

看不清时，需要戴眼镜

如果最近看东西越来越模糊，也许一副眼镜可以帮到你。感谢这两块透明的小圆片，你的世界清晰了！

💡 看不清不一定就是近视

眼球是一个复合光学系统，是一切动物与外界联系的信息接收器。

当我们的视力正常时，我们所看见的图像是清晰的。

一旦我们的眼睛视力不正常，我们看东西就会模糊不清。

屈光不正，通常包括近视和远视。

眼睛在没有调节的情况下，平行光线进入眼内聚焦在视网膜之前的，叫作近视。这类人多半看近清楚，看远就不清楚。

而聚焦在视网膜后方的，就叫远视。这类人远近都看得不是很清楚。

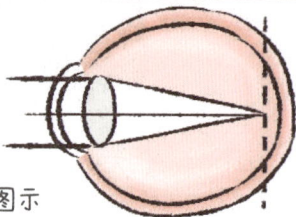

近视图示

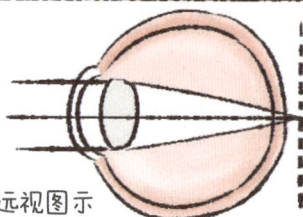

远视图示

视物不清，还得戴眼镜

人们需要一些辅助工具才能看清楚东西。

佩戴眼镜，通过透镜使光线发生偏折，从而矫正视力。

近视的人需要佩戴凹透镜，凹透镜的边缘比中心厚，能把光波折射得更加分散，正好使光线会聚在视网膜上，从而帮助眼睛看清楚物体。

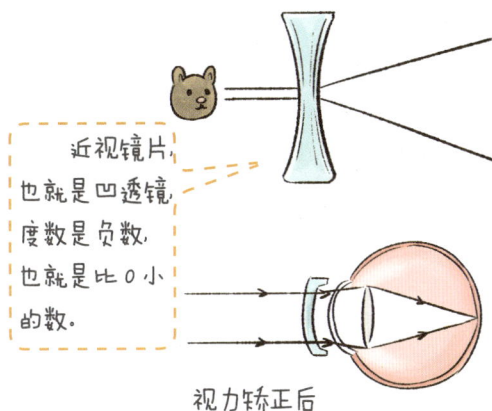

远视的人需要佩戴凸透镜，凸透镜中间比边缘厚，能把光波折射得更加会聚，使景物的像落在视网膜上，从而帮助眼睛看清物体。

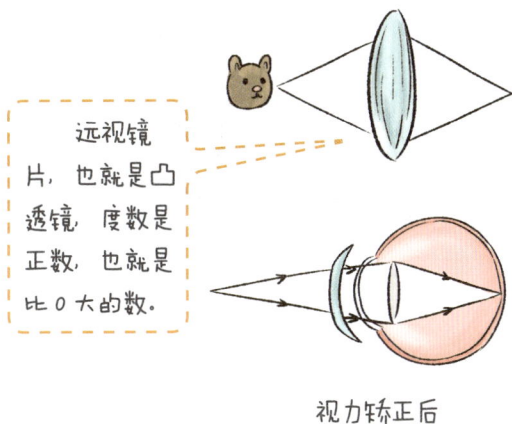

近视镜片，也就是凹透镜，度数是负数，也就是比0小的数。

视力矫正后

远视镜片，也就是凸透镜，度数是正数，也就是比0大的数。

视力矫正后

你听说过远视储备吗

小时候，由于眼睛发育未完全成熟，我们看到的物体往往是越远越清晰。这种情况是正常的，被叫作"远视储备"。

一般说来，年龄越小的孩子，远视储备就越大。不过随着年龄的增长，这种"越远越清晰"的能力会逐渐消失，到12岁时就发育为正视眼，即眼睛发育正常。

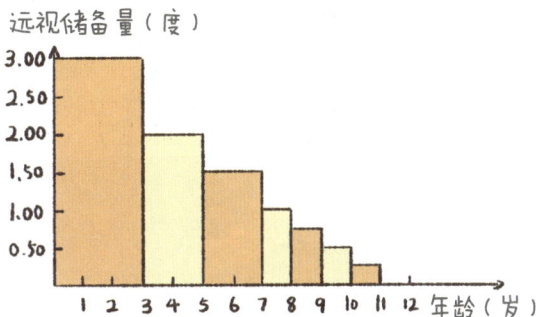

远视储备量（度）

3.00
2.50
2.00
1.50
1.00
0.50

1 2 3 4 5 6 7 8 9 10 11 12 年龄（岁）

16

看得远、看得精

科学一般离不开透镜，其中望远镜和显微镜更是科学实验里的团宠儿！

用望远镜看得更高、更远

望远镜可由两组透镜组成，靠近眼睛处的叫目镜，相当于一个放大镜，用来把成像放大。靠近被观测物体处的叫物镜，可以把远处的物体拉到焦点附近成像。

望远镜物镜上的直径比我们眼睛的瞳孔大很多，可以聚集更多的光，成像就会更明亮。所以天文望远镜在夜晚也能观测到暗星。

暗星是由一大团的氢和氦所组成的云。

如果把爷爷的老花镜和爸爸的近视眼镜叠在一起，用来遥望远处，能看到什么？

望远镜成像肯定比实物小。但因为距离我们的眼睛近，加上目镜的放大作用，视角变大，物体看起来变大了。

靠近底部的镜片是一片凹透镜，光线进入凹透镜后聚焦成像，图像又被凸透镜放大，人眼便可以看到比瞳孔大得多的图像。

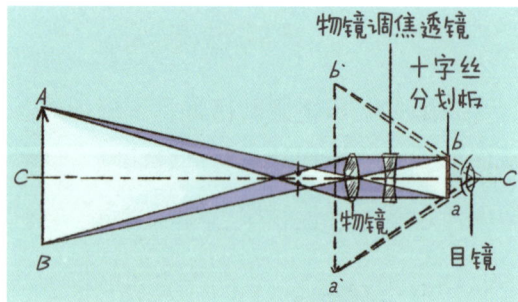

1609 年，意大利物理学家伽利略用自制的望远镜观察天体。

用显微镜看细胞组织

除了有放大远处物体的需求，我们还得观察微小事物，于是显微镜被创造出来，将平时肉眼看不到的东西清晰呈现。

雪花晶体是六角形的，每片雪花长得并不一样。

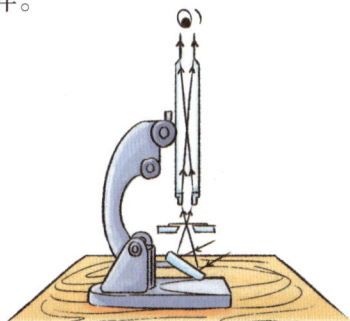

光滑的纸在显微镜下竟然变得那么粗糙不堪。

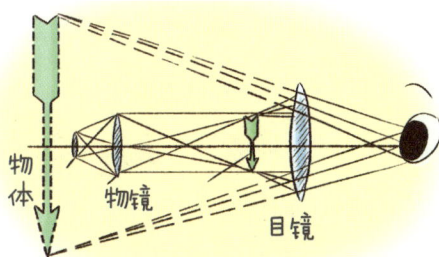

显微镜镜筒两端各有一组透镜，每组透镜就是一个凸透镜。目镜，靠近眼睛的凸透镜。物镜，靠近被观察物体的凸透镜。

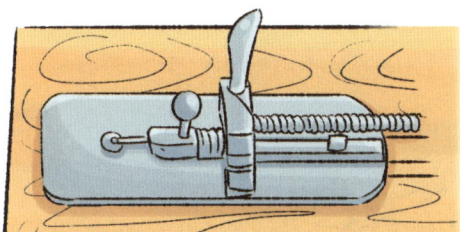

当光线透过物镜放大后，再投射到目镜上，人的眼睛就看见之前肉眼都看不见的小物体了。

荷兰工匠列文虎克将一块直径只有0.3厘米的小透镜装在一个支架上，在透镜下面装了一块铜板，钻上孔，使光线透过小孔射入。这就是早期的显微镜。

1610年，伽利略用自己改进的显微镜观察了自然界生物，可放大约270倍。

17

光污染，你听说过吗

如今，科技进步，现代生活便利，绝大多数地方夜间都用上电灯了。但是过度使用灯光，也会造成"光污染"。

玻璃幕墙反射眩光带来"光污染"，亮度过大的夜景照明是"人工白昼"，娱乐场所的彩色光源是"彩光污染"。

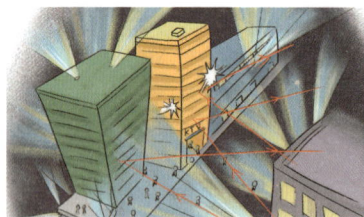

光污染危害健康

人们长时间在光污染环境下工作和生活，会导致近视、白内障等疾病频发。

遇到强光时一定要避免肉眼直视，必要时可以戴上眼镜防护。

人睡觉时眼睛是闭着的，但亮光依然会穿过眼皮，影响睡眠。最好不要开灯睡觉，睡觉前还应该拉好窗帘。

治理光污染

居住环境需要改善，大城市不再通宵达旦地亮着灯，只留下必要的照明灯，节能的同时还能减少"光污染"。

家庭生活应根据不同的房间选择合适的照明方式。卧室选择暖黄或暖白色光源，书房选择冷白或正白色光源。